AF453996

LA GÉOLOGIE

LA MINÉRALOGIE ET LA PALÉONTOLOGIE

AU MUSÉE D'HISTOIRE NATURELLE

DE LA VILLE D'ANGERS

Extrait du *Bulletin de la Société d'Études Scientifiques d'Angers*
(année 1897)

LA GÉOLOGIE

LA MINÉRALOGIE ET LA PALÉONTOLOGIE

AU MUSÉE D'HISTOIRE NATURELLE

DE LA VILLE D'ANGERS

Historique des collections
Donateurs — Acquisitions — Réformes et Compléments
Bibliographie — Annexes
Pièces justificatives — Liste des coupes géologiques
du département de Maine-et-Loire
Note sur les anciennes forges du Plessis-Macé, etc.

PAR

O. DESMAZIÈRES

PERCEPTEUR DES CONTRIBUTIONS DIRECTES
SECRÉTAIRE DE LA COMMISSION DU MUSÉE D'HISTOIRE NATURELLE DE LA VILLE D'ANGERS
VICE-ARCHIVISTE DE LA SOCIÉTÉ D'ÉTUDES SCIENTIFIQUES D'ANGERS
MEMBRE DE LA SOCIÉTÉ DES SCIENCES NATURELLES DE L'OUEST DE LA FRANCE

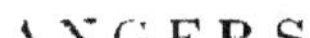

ANGERS

GERMAIN & G. GRASSIN. IMPRIMEURS-LIBRAIRES
40, rue du Cornet et rue Saint-Laud

1897

LA GÉOLOGIE

LA MINÉRALOGIE ET LA PALÉONTOLOGIE

AU MUSÉE D'HISTOIRE NATURELLE

DE LA VILLE D'ANGERS

———

HISTORIQUE DES COLLECTIONS
DONATEURS — ACQUISITIONS — RÉFORMES ET COMPLÉMENTS
BIBLIOGRAPHIE — PIÈCES JUSTIFICATIVES

———

AVANT-PROPOS

La petite notice que nous présentons à nos collègues de la Commission du Musée d'histoire naturelle et de la Société d'Études scientifiques a été écrite sans prétention littéraire; nous avons essayé de rédiger l'histoire de la galerie de paléontologie et des collections minéralogiques de la ville d'Angers, en nous inspirant des travaux de nos devanciers.

Cette étude paraîtra peut-être un peu longue, mais il est difficile de pouvoir se borner; nous nous sommes laissé entraîner insensiblement à un excès de développement par le sujet lui-même et par les documents

1

que nous avons pu consulter aux archives de la
Mairie et du Musée, à la Bibliothèque de la ville
d'Angers.

L'administration municipale trouvera dans ces
pages le compte rendu des travaux accomplis, particulièrement dans les vingt dernières années qui
viennent de s'écouler, et l'énumération des améliorations que nous proposons.

Nous insistons principalement sur les dons, les
acquisitions, les descriptions des collections à différentes époques ; ces menus faits de l'histoire locale
intéresseront peut-être nos concitoyens. Nous avons
tenu à indiquer soigneusement la source de nos
informations et à citer le plus souvent les textes eux-
mêmes, sachant par expérience combien ces indications facilitent le travail du lecteur et lui épargnent
souvent des recherches fastidieuses.

Notre but serait de faire connaître au public
angevin le Musée paléontologique et d'étendre par là
l'action morale qu'il peut exercer sur la jeunesse
laborieuse de notre ville. La géologie n'a jamais tenu
jusqu'ici, en France, une place en rapport avec son
importance dans le cadre de l'instruction secondaire ;
en vulgarisant cette science le Musée complètera, en
quelque sorte, l'œuvre des cours d'adultes qui a pris
une si grande extension dans notre pays.

Dans une étude prochaine nous décrirons la galerie
de paléontologie dans son état actuel.

Nous n'avons point la prétention d'avoir rassemblé
tous les matériaux qu'il était possible de trouver ;
nous désirons, si l'on veut bien nous signaler des

documents ou des faits dont nous ignorons l'existence, compléter plus tard notre travail.

Pendant longtemps les inscriptions des noms des donateurs n'ayant pas été faites régulièrement sur les objets eux-mêmes ou sur les registres, malgré nos consciencieuses recherches pour rétablir les listes disparues, nous avons dû omettre un certain nombre de nos généreux concitoyens; nous les prions d'excuser un oubli bien involontaire.

ABRÉVIATIONS

Ann.	Annales.	An.	Année.
Bull.	Bulletin.	P.	Page.
Mém.	Mémoires.	T.	Tome.
Sér.	Série.	Vol.	Volume.
N. p.	Nouvelle période.	Pl.	Planche.
N. sér.	Nouvelle série.	Soc.	Société.
Man.	Manuscrit.		

Soc. Acad. de M.-et-L. — Société Académique de Maine-et-Loire.

Soc. Linn. — Société Linnéenne de Maine-et-Loire.

Soc. Agr. Sc. A. d'Ang. — Société nationale d'Agriculture, Sciences et Arts d'Angers.

Soc. Ét. sc. d'Ang. — Société d'Études scientifiques d'Angers.

Bib. mun. d'Ang. — Bibliothèque municipale de la ville d'Angers (rue Courte).

Arch. mun. de la V. d'Ang. — Archives municipales de la ville d'Angers (à la Mairie).

CHAPITRE PREMIER

Historique des collections — Donateurs — Acquisitions

Dès le 22 novembre 1790, conformément à des instructions spéciales, l'administration avait chargé Merlet de La Boulaye de réunir tous les objets d'histoire naturelle qu'on avait trouvés dans différentes maisons nationales et dans celles des émigrés. Ces collections prirent place dans les bâtiments de l'ancienne abbaye de Saint-Serge, où elles furent bientôt livrées à une telle dilapidation que la ville fit murer toutes les portes (2 août 1792).

Merlet de La Boulaye nous rend compte en ces termes de la perte à peu près totale de ce premier fonds de notre cabinet d'histoire naturelle (*b*. 8) [1] :

« Lorsque les scélérats qui font la guerre à la
« République mirent le siège devant Angers [2], ils se
« logèrent dans Saint-Serge et formèrent leur pre-
« mière et principale attaque au milieu des collections
« du musée. Ainsi, ce temple des sciences et des arts
« fut foudroyé par notre artillerie et, après la levée
« du siège, fut pillé et dévasté dans l'intervalle du

---

[1] Les numéros précédés d'un *b* renvoient à la partie bibliographique.

[2] Les 13 et 14 frimaire an II (3 et 4 décembre 1793).

« temps nécessaire pour y établir une garde. Le
« détail de ces pertes deviendrait fastidieux... Il
« suffit de vous dire que ce qu'on a retiré des débris
« des cendres et de la poussière ne mérite pas le
« nom de Cabinet d'histoire naturelle..............
« ..... Vous ne vous consolerez pas de la perte que
« nous avons faite d'une collection de productions
« minérales rassemblées avec beaucoup de soins par
« un directeur des mines [1], pour servir de base à la
« carte minéralogique du département de Maine-et-
« Loire dans laquelle nous nous proposions de dési-
« gner avec précision la nature des plaines et des
« coteaux, en indiquant les sources minérales, les
« filons, les carrières et les minéraux ou fossiles les
« plus remarquables, qu'elles contiennent... Il ne
« nous reste que des fossiles dont l'aspect grossier
« n'a pas tenté les pillards. »

Merlet de La Boulaye aurait voulu installer les collections qu'il se proposait de reconstituer dans la
« ci-devant maison conventionnelle de Saint-Serge »,
parce qu'elle offrait des emplacements convenables à
la réunion de l'agriculture, l'histoire naturelle, etc. Il
en fut décidé autrement [2].

---

[1] Renou, directeur des mines de Châtelaison, de 1776 à 1784.

[2] Cette proposition fut reprise en 1827. L'évêque d'Angers
demanda au Conseil municipal l'échange de l'ancienne abbaye
de Saint-Serge contre le Grand-Séminaire, alors installé rue
Courte ; les partisans de cet échange prétendaient réunir à
Saint-Serge tous les établissements scientifiques, jardin botanique, muséum, bibliothèque, galerie de tableaux, etc. ; l'éloi-
gnement de ce monument fit rejeter cette convention.

Nous devons regretter aujourd'hui que l'administration
municipale n'ait pas donné suite à ce projet grandiose ; la ville

Après le 9 thermidor (juillet 1794), Merlet, chargé de la réorganisation des collections du département, eut des attributions très étendues. Le représentant Bezard le chargea de composer une commission dont il aurait la présidence et dont l'objet serait de rechercher tout ce qui, dans le département de Maine-et-Loire, conviendrait à l'instruction publique. Merlet divisa cette commission en trois sections : la première dut s'occuper de l'histoire naturelle ; elle eut pour membres MM. Gabriel Huard et Préseaux, qui se firent aider par M. Héron. Nous trouvons dans cette organisation l'origine de notre commission actuelle du Musée d'histoire naturelle.

Les débris des collections pillées à Saint-Serge furent réunis dans l'hôtel de Villiers rue Saint-Georges.

La création des Écoles centrales, instituées dans chaque département par la loi du 3 frimaire an IV (24 octobre 1794), imprima à l'étude de l'histoire naturelle une vive impulsion ; des cabinets comprenant tous les objets nécessaires à l'étude de cette science devaient être créés dans chaque chef-lieu des départements dotés d'une École centrale.

Pour répondre aux vœux du Directoire, les collections déjà réunies par Merlet de La Boulaye furent transportées à l'École centrale installée alors au Logis Barrault ; elles y occupèrent une salle unique au

d'Angers posséderait actuellement un des plus magnifiques ensembles d'établissements scientiques de France. Il existe aux archives de la Mairie d'Angers tout un dossier sur cette question (musée bâtiments).

second étage, celle qui forme actuellement la galerie de gauche du musée de peinture.

Renou, ancien directeur des mines de Châtelaison, nommé professeur d'histoire naturelle à l'École nouvellement instituée, s'occupait tout spécialement de minéralogie. C'est Renou le véritable créateur de nos galeries de minéralogie et de paléontologie; il fit don à la ville de la plus grande partie de ses collections et adressa dans les annuaires et les journaux du département un appel à ses compatriotes. Nous reproduisons ici une des pages de l'annuaire de l'an VII [1]. La Commission du Musée renouvelle les vœux exprimés d'une façon si précise par le dévoué professeur.

« Nous devons inviter tous les citoyens qui pour-
« raient nous donner des renseignements sur les pro-
« ductions naturelles qu'ils possèdent ou qu'ils ont
« observées, de vouloir bien nous en faire part; ils
« ajouteront encore un grand prix à leur bienfait, s'ils
« joignent, autant qu'il leur sera possible, à la des-
« cription détaillée l'objet intéressant lui-même ou
« au moins un échantillon, avec mention exacte et
« topographique du lieu où il aura été recueilli. Cette
« attention est infiniment importante, surtout lors-
« qu'il est question d'un minéral, afin d'en faire l'indi-
« cation précise sur la carte minéralogique du dépar-
« tement de Maine-et-Loire dont nous nous occupons
« depuis plusieurs années.

« Pour bien remplir cet objet, il est essentiel de
« faire attention à tout ce qui se présente dans les

---

[1] *Almanach du département de Maine-et-Loire,* an VII de la République, pp. 56-57. — Angers, Mame.

« ouvertures des différentes carrières, dans les appro-
« fondissements des puits et des murs, d'examiner
« dans leurs profondeurs successives l'état des couches
« des bancs ou des lits de terres et de pierres, de
« prendre des échantillons de chacun d'eux et de faire
« des notes exactes et détaillées sur leur marche, leur
« direction, leur situation plus ou moins inclinées à
« l'horizon et leur épaisseur.

« On voudra donc bien, en suivant cette méthode,
« nous faire parvenir des morceaux de ces différents
« bancs de minerais de pierre ainsi que toutes les
« espèces de mines métalliques, des charbons de
« terre, des pierres à chaux, des marbres, des grès et
« granits, les tuffes, les pierres de taille de tous les
« genres, les ardoises à empreintes de pyrites qui ont
« une forme remarquable ou un brillant métallique,
« des cailloux cristallins et variés, ainsi que toutes
« les espèces de pétrifications si abondantes dans ce
« département, de même que les incrustations des
« eaux minérales.

« Je prie également de ne pas oublier les terres de
« couleurs et de qualités particulières telles que celles
« employées tant dans les faïenceries, les poteries et
« les tuileries de ce département que de ceux qui
« l'avoisinent. Les terres à foulon, les marnes, les
« terres coquillières, avec l'emploi qu'on peut en faire
« dans les arts et dans l'agriculture, sont encore un
« objet très important à connaître. »

La Revellière-Lepeaux, membre du Directoire,
s'intéressait vivement à l'avenir de notre cabinet
d'histoire naturelle; il usa de toute l'influence dont il

disposait au service de cet établissement. Dans une lettre datée du 30 brumaire an V [1], Mamert Coullion, membre du Conseil des Cinq cents, fait savoir aux administrateurs du département que « le citoyen Lepeaux a demandé et obtenu une collection d'insectes et de minéraux. Le grand but, en demandant ces objets, est d'obtenir un Muséum dans la ville d'Angers ». Ces établissements ne devaient pas être multipliés, le gouvernement avait, au contraire, l'intention de les rendre très rares, pour qu'ils fussent plus intéressants.

Sur l'invitation de La Reveillière, en mars 1798, Renou se rendit à Paris; il put puiser dans les réserves des établissements de la capitale. Le Musée d'histoire naturelle d'Angers, grâce à l'activité déployée par Renou, prit rapidement le premier rang parmi les institutions analogues des autres départements.

Les annuaires ou almanachs de l'époque, et notamment ceux de l'an X et de l'an XI, contiennent de curieuses descriptions du cabinet d'histoire naturelle à cette époque. Parmi les objets les plus remarquables, l'almanach de l'an X cite particulièrement : « une tabatière garnie en or faite d'une pierre de Lydie, sorte de marbre précieux, trouvée dans les ruines d'Herculanum ».

Une si belle tabatière a dû tenter quelque priseur

---

[1] Lettre citée pp. 5 à 7 de l'ouvrage de M. Tavernier, Louis : *Le Musée d'Angers : notes pour servir à l'étude de cet établissement* ; Angers, Cosnier et Lachèse, in-8°, 1855. (Extrait du *Journal de Maine-et-Loire*, 11-14-15 novembre 1854.)

ou un collectionneur de bibelots, car depuis fort longtemps elle a disparu du Musée.

Répondant au ministre, qui demandait quelques renseignements sur l'état de notre Musée, Renou écrivait en 1798 :

« Quant au règne minéral, les objets les plus inté-
« ressants de cette collection consistent en 280 échan-
« tillons de différents minéraux, métaux et fossiles
« qui ont été envoyés de Paris du cabinet national.
« Plus 70 objets variés, en pétrifications, remis au
« professeur par le citoyen Faugas [1].

« Plus divers minéraux et fossiles du département,
« dans le genre des pétrifications, des schistes, des
« houilles, des marbres, des grès, des ardoises,
« recueillis par le professeur et quelques amateurs,
« et, de plus, les débris de diverses collections [2]... »

Plus tard, nous trouvons encore de nouveaux détails sur nos collections dans une pièce officielle que nous avons copiée à la bibliothèque municipale de la ville [3] d'Angers. C'est une lettre de M. Montault Desilles, préfet de Maine-et-Loire, adressée le 28 messidor an X au ministre de l'intérieur, en réponse à une circulaire du 1er prairial prescrivant l'envoi d'une note exacte des dépôts d'objets d'arts et de sciences qui existent dans le département.

---

[1] M. Renou veut parler de Faujas de Saint-Fond et non de Faugas. M. Ménière a sans doute mal copié ce nom.

[2] Document cité par M. Ménière dans sa *Minéralogie de Maine-et-Loire*, p. 130. *Mém. Soc. Acad. de M.-et-L.*, 1865.)

[3] *Manuscrit Bibl. mun. d'Angers*, n° 1037. (Recueil de pièces relatives aux établissements scientifiques d'Angers.)

M. Montault s'exprime ainsi au sujet du cabinet d'histoire naturelle :

« Ce cabinet possède dans le règne minéral, non
« seulement tout ce qui est nécessaire à un cours de
« minéralogie, mais encore plusieurs substances inté-
« ressantes par leurs formes et la variété de leurs
« couleurs, telles que des cristaux de roche, de quartz,
« des agates, des jaspes et des onyx, etc., dont
« quelques-uns forment des tablettes ou des vases.

« On voit dans cette collection des échantillons de
« la plupart des pierres qui forment le système litho-
« logique du citoyen Haüy, adopté pour l'école des
« mines de France.

« Les métaux offrent des exemples de leurs miné-
« raux, et il y en a plusieurs qui ont de nombreuses
« variétés.

« Quelques substances volcaniques, bitumineuses,
« siliceuses, sulfureuses, présentent aussi des échan-
« tillons de ces productions naturelles dont les leçons
« sur la minéralogie développent l'origine.

« Les fossiles et les pétrifications sont nombreux
« et variés, ainsi que les marbres, les gypses, les
« spaths, les fluors, les pierres calcaires, les pierres
« à bâtir, les grès et autres matières de première
« utilité, dont le professeur a envoyé des échantillons
« au ministère de l'intérieur. »

En 1797, pendant la campagne d'Italie, lors du sou-
lèvement de Vérone, le général Buonaparte [1] avait
obtenu, à titre de don, une collection d'histoire naturelle d'un amateur de cette ville (cabinet de Gazola) et

[1] Le nom est ainsi orthographié sur les étiquettes.

en avait fait hommage au Directoire. La Revellière-Lepeaux put obtenir de ses collègues quelques spécimens pour notre Musée et, entre autres, douze belles plaques contenant des empreintes de poissons de Vestena-Nova [1]. Ces fossiles, remarquables par leur conservation, appartiennent à l'Eocène moyen du Vicentin, couches à poissons de Monte-Bolca; ils sont actuellement disposés dans une vitrine du Musée de paléontologie.

Nous avons relevé sur le catalogue des objets envoyés au Musée d'Angers, le 21 octobre 1806, par M. Geoffroy Saint-Hilaire, au nom du Muséum de Paris [2], les spécimens suivants :

Calcaneum d'*Anoplotherium*, Cuv.

[1] « La collection de poissons fossiles de Vestena Nova dans le « Véronais, dont le Muséum national d'histoire naturelle s'est « enrichi, doit être considérée comme unique en son genre ; il « fallait être animé d'un noble enthousiasme pour l'avancement « des connaissances qui tiennent à la théorie du globe, ainsi « que l'a été M. de Gazola, pour mettre autant d'activité et de « constance dans ses recherches.... Cette étonnante collection « fait à présent un des principaux ornements des galeries du « Muséum d'histoire naturelle. »

Ces lignes sont extraites d'une brochure très rare que nous avons achetée dernièrement pour la Bibliothèque spéciale du Musée. — Faujas-Saint-Fond, *Mémoire sur quelques fossiles rares de Vestena-Nova*, dans le Véronais, qui n'ont pas été décrits et que M. de Gazola a donnés au Muséum national d'histoire naturel en l'an II. — Paris, 1804, in-4°, 1 pl. (Extrait des *Annales du Muséum*, t. III, pp. 18-31.)

M. de Gazola a fait figurer et décrire les poissons de la collection dans un ouvrage dont la rédaction a été confiée au chanoine Volta, de Mantoue. — *Ittiologia Veronese, del Museo Bozziano, ora annesso a quello del conte Giovan Battista Gazola e di altri gabinetti di fossili Veronesi, con la versione latina. Verona, dalla stamperia Giulari*, 1796, in-fol. magno (avec de magnifiques planches).

[2] Arch. mun. de la V. d'Angers.

Molaire supérieure d'*Anoplotherium*, Cuv.

Portion de mâchoire infér. —

Phalange —

Portion de mâchoire infér. du *Palæotherium*, Cuv.

Coquillier recueilli à Montmartre et situé au-dessus du plâtre dans lequel ont été trouvés les fossiles ci-dessus [1].

Molaire d'ours de Gailenreuth [2].

Jusqu'en 1804, époque où l'École centrale fut supprimée, notre galerie d'histoire naturelle conserva une position exceptionnelle; mais le lycée, nouvellement créé ne comportant pas, dans son organisation, des collections aussi importantes que celles d'une École centrale, le cabinet que Renou avait su mettre au premier rang fut rattaché provisoirement aux services du jardin botanique, par arrêté du 19 juillet 1809. **Toussaint Bastard** dirigeait cet établissement depuis le 1er janvier 1807.

Nous avons pu retrouver le catalogue qui fut dressé au moment de la cession des collections de l'École centrale (*b*. 17); ce document nous donne une idée assez vague de l'état du cabinet à cette époque : c'est

---

[1] Ces fossiles appartiennent à l'Eocène supérieur, gypse de Paris.

[2] La caverne de Gailenreuth, creusée dans la dolomie du terrain jurassique bavarois est célèbre; on en a retiré plus de 1.000 individus dont 800 appartiennent à l'*Ursus spelæus*. C'est dans cette caverne que Joh. Fr. Esper trouva, en 1774, les premiers vestiges de l'homme quaternaire. L'échantillon qui porte l'étiquette *molaire d'ours de Gailenreuth* existe encore au Musée, mais les fossiles qu'il contient sont dans une roche du gypse de Montmartre; il y a donc erreur d'étiquette.

plutôt un simple inventaire qu'un véritable catalogue scientifique, les objets mentionnés sont inscrits dans l'ordre de leur emplacement, sans classification; les provenances ne sont pas indiquées la plupart du temps. Quelques mentions de ce registre méritent d'être signalées :

Deux armoires renfermaient divers minéraux recueillis dans le département de Maine-et-Loire et rangés par arrondissement.

Les bois pétrifiés étaient représentés par de nombreux échantillons.

Les fossiles de nos faluns et, parmi eux, un beau pecten des environs de Doué garnissaient plusieurs tablettes.

Dès cette époque nous voyons figurer sur l'inventaire des grès du département avec empreintes végétales.

Quelques beaux fragments assez volumineux de quartz cristallisé, de Chavagnes, ornaient le dessus des armoires, mélangés à des cornes d'Ammon, du tuffeau. 19 carreaux de marbre du pays formaient une intéressante série.

Le catalogue mentionne une corne d'Ammon agathisée, sciée et polie, des os fossiles dans un morceau de tuf du crétacé (Danien) de Maëstricht. Ces échantillons existent encore dans les collections du Musée de paléontologie.

Parmi les dons faits au cabinet de l'École centrale, nous voyons figurer sur l'inventaire :

22 échantillons des mines de fer du Berry, donnés par M. **Gaultier** fils, négociant.

30 échantillons de minerais et substances relatives aux forges de Pouancé, donnés par M. **Jallot** fils.

Absorbé par ses travaux sur la flore du département et les améliorations du jardin botanique, Bastard, malgré son activité, ne put faire progresser simultanément les deux services qui lui étaient confiés; il considérait d'ailleurs que, vu sa nomination provisoire, « il ne devait apporter aucun changement à l'ordre établi [1] ». Les collections d'histoire naturelle furent momentanément confiées aux soins d'un vieil employé incapable, l'aide naturaliste Guilloteau [2]. Bastard avait l'intention de les réorganiser plus tard, mais les circonstances politiques ne lui permirent pas de compléter son œuvre.

A la chute des Bourbons, en 1815, Bastard, libéral ardent, s'enrôla dans les fédérés ; le 20 mai 1816, le Préfet du département lui donna l'ordre de quitter Angers. En considération des services rendus et sur la proposition d'un magistrat courageux, M. Desmazières, la ville alloua au directeur ainsi expulsé une indemnité de 1.200 francs.

Bastard avait donné au Muséum une énorme table de grès quartzeux, couverte d'empreintes végétales exotiques. Ce morceau avait alors beaucoup de prix aux yeux des naturalistes [3].

Après un long voyage dans le midi de la France Bastard vint se fixer à Chalonnes ; il possédait alors

---

[1] *Note* de Bastard sur le catalogue de récolement (*b.* 17).

[2] Voir Annexe : pièces 1 et 2.

[3] *Note* de M. Grille, datée du 20 juillet 1816, au bas du catalogue (*b.* 17).

un cabinet de minéralogie d'un très grand prix, « le plus beau et le plus riche qu'un homme puisse posséder [1] », ce qui ferait supposer que le défaut de temps, et non le manque de goût pour cette science, fit négliger par Bastard les collections du Musée. « A quel degré de perfection — écrit M. Boreau — un savant si actif n'eût-il pas amené l'histoire naturelle de notre pays, s'il eût conservé sa position scientifique ! [2] ». Nous verrons plus loin, sous la direction Boreau, que les tentatives faites dans le but d'acquérir la collection minéralogique de Bastard demeurèrent malheureusement infructueuses et qu'elle fut perdue pour la ville d'Angers.

Après le départ de Bastard un procès-verbal de récolement fut dressé et les collections du Musée d'histoire naturelle remises, le 20 juillet 1816, à la garde de M. Grille, nommé commissaire à cet effet par M. de Villemorges, maire d'Angers [3]. Quelque temps après, M. **François Richard de Tussac** prit la direction du Musée et du Jardin et la conserva jusqu'en 1826. Le nouveau conservateur s'occupa très peu de ses nouvelles fonctions ; la publication de sa *Flore des Antilles* exigeait constamment sa présence à Paris ; à partir de 1821 il s'adjoignit officieusement M. Desvaux.

[1] *Journal de Maine-et-Loire*, n° 154, du 4 juillet 1846.

[2] Boreau, A., *Notice historique sur le Jardin des Plantes d'Angers*. Extrait du *Bul. de la Soc. Indust. d'Angers et du départ. de M.-et-L.*, n° 6, XXII° année.

[3] Voir arrêté du catalogue de récolement (*b.*, 17).

Le 17 mai 1820, sur les instances de M. l'abbé Denais, M. Berthe, relieur, rue de l'Aiguillerie, proposa à M. de Villemorges, maire d'Angers, de céder à la ville un cabinet d'histoire naturelle qu'il avait formé. M. de Tussac visita immédiatement les collections ; d'après son rapport, ce cabinet ne renfermant rien que le Musée ne possédât déjà, l'administration ne fit aucun sacrifice et ne voulut même pas promettre à M. Berthe la place de M. Guilloteau qu'il convoitait [1].

Il est fâcheux que M. de Tussac n'ait pas examiné une précieuse collection de fossiles et empreintes du département de Maine-et-Loire et n'ait pu faire un choix parmi les 1.200 échantillons qui composaient la partie minéralogique et paléontologique du cabinet Berthe [2].

Le 30 décembre 1821, M. Millet de la Turtaudière demandait au directeur du Musée d'histoire naturelle d'obtenir du préfet qu'il fît, par une circulaire, une invitation à tous les maires des communes rurales de rassembler des échantillons de minéralogie, de fossiles, etc. : « Les objets ainsi rassemblés auraient formé une annexe intéressante et, avec ceux de ce genre que je me propose d'offrir à notre ville, un tout capable de fixer l'attention », écrivait M. Millet en terminant sa lettre [3].

[1] En 1839, M. Berthe fut nommé gardien du musée de sculpture.

[2] Lettre de M. Denais du 16 mars 1820. Lettre de M. Berthe, 17 mai. Lettre et rapport de M. de Tussac, 23 mai. Arch. mun. de la V. d'Angers.

[3] Arch. mun. de la V. d'Angers.

Cette proposition n'eut pas de suite; nous n'avons pas voulu la laisser passer sans la signaler et sans faire ressortir que M. Millet avait dès cette époque l'intention de léguer ses collections à la ville d'Angers.

Parmi les spécimens les plus remarquables acquis à cette époque, se trouve un assez gros morceau de l'intéressante météorite tombée à Angers, le 3 juin 1822, à 8 heures du soir, faubourg Gauvin, maison Blouin près l'hôtel de la Tête-Noire[1]. Comme toutes les météorites, la pierre d'Angers est recouverte sur toute sa surface externe d'une mince couche vitrifiée, cette croûte extérieure tranche par sa couleur noirâtre avec la nuance blanche que présente la cassure de la roche météorique, le côté lisse de la météorite offre une légère convexité indiquant que le fragment faisait partie d'une masse sphéroïdale ; ce morceau fut payé 120 francs au sieur Blouin. Un second fragment, ramassé devant la maison du Chaumerot, route des Ponts-de-Cé, fut donné au Musée ; il appartenait au même météore. C'est sans doute cet échantillon qui fut envoyé par M. Desvaux au Muséum de Paris en mars 1826; M. Stanislas Meunier l'a étudié dans les

---

[1] D'après la déposition de M. Blouin, M. l'abbé Denais, M. le Curé de Sainte-Thérèse présents au moment où la pierre fut ramassée. — (Rég. d'entrée du Musée). — Le 23 juin François Arago, membre de l'Institut, écrivait à M. Desvaux, au sujet de cette météorite : « L'Académie a entendu avec beaucoup d'intérêt la lecture de la lettre que vous lui avez écrite sur le phénomène observé à Angers, le 3 de ce mois; elle me charge de vous adresser des remerciements ; ce phénomène a été vu à Poitiers, à la même heure, par M. Boisgiraud, professeur de physique, dans le voisinage de l'étoile β du Cocher. » — *Correspondance* de divers auteurs avec M. Desvaux, man. 1127, Bibl. mun. de la ville d'Angers.

collections de cet établissement où il figure encore. Le savant professeur désigne la roche de notre météorite sous le nom de *Luceite;* elle est très finement grenue, âpre au toucher, éminemment cristalline ; sa densité est d'environ 3,43 [1]. Dans les journaux du temps, M. Desvaux a donné quelques détails sur la chute de l'aérolithe d'Angers. (Voir annexe : n°s 3 et 4). MM. Quélin et Préaubert ont examiné le fragment du Musée d'Angers en 1896 ; on trouvera dans les procès-verbaux des séances de la *Société d'Études scientifiques* le résumé de leurs observations [2].

En 1824, la ville acheta une partie du cabinet d'histoire naturelle du chevalier de Saint-Amour ; la liste des acquisitions dressée par M. Desvaux [3] comprend : 35 échantillons de fossiles de diverses provenances et principalement de Dax, Biarritz, la Gironde, l'ile d'Aix, 19 spécimens de minéraux et, parmi eux, un gâteau de succin fossile de l'île d'Aix de 10 pouces de diamètre, formant, d'après Desvaux, un morceau unique d'une valeur indéterminée.

M. de Tussac ne prit aucune part à ces derniers achats. M. **Desvaux,** fixé à Angers depuis 1821, dirigeait officieusement les collections d'histoire

---

[1] Meunier, Stanislas, *Note sur une pierre météorique tombée à Angers en 1822. Ann. Soc. Linn. de M.-et-L.*, t. XII, p. 132. 1870.

[2] Séance du 2 avil 1896, *Bull. Soc. Ét. sc. d'Angers*, pp. 10 et 11. Angers, 1897, xxvie année.

[3] État des objets acquis le 21 novembre 1824. Ach. mun. de la V. d'Angers.

naturelle délaissées par le conservateur ; il fut nommé définitivement directeur du jardin botanique et du musée d'histoire naturelle par arrêté du 22 décembre 1826. Il trouva les collections de minéralogie et de fossiles dans l'état où les avait laissées Renou ; quelques échantillons avaient cependant été égarés. Sous l'intelligente direction de ce nouveau conservateur, notre Muséum prit une extension considérable, les collections furent distribuées avec ordre et bon goût.

Desvaux fit d'abord disposer une grande salle, qui comprenait tout l'espace correspondant au vestibule et à la galerie de droite du musée de peinture ; il y installa la minéralogie et les fossiles.

Sa collection particulière vint s'ajouter aux éléments déjà rassemblés par Renou et former un ensemble du plus grand intérêt. Il ne faut pas oublier que Desvaux classa pour la première fois une collection départementale vraiment digne de ce nom [1].

Pour donner une idée suffisante de l'importance des matériaux rassemblés par Desvaux, nous donnons ici le tableau récapitulatif placé en tête du catalogue dressé par lui à la date du 26 avril 1838 (b. 11).

---

[1] Avant M. Desvaux, « on ne pouvait citer l'existence d'une collection sériée, ni approximative, réunissant les minéraux de Maine-et-Loire. La collection du musée public d'histoire naturelle, qui aurait dû renfermer les éléments d'une collection locale, manquait presque complètement sous ce rapport, si l'on en excepte quelques gros morceaux de quartz, de grès calcaire, qu'on avait entrémêlés avec beaucoup de minéraux étrangers ou curieux placés sans ordre et sans noms, pour flatter seulement la vue. » — Desvaux *Minéralogie du département de Maine-et-Loire* : Angers, 1837, p. 213.

Minéralogie de Maine-et-Loire

Échantillons   1102

Tous ces objets venant du cabinet de M. Desvaux et donnés à la ville sauf une série de
variétés de marbres polis achetés — 66 doubles
en plus.

Minéralogie générale

1° Le catalogue primitif des minéraux relatait (morceaux)   730

2° Une collection venant du Musée de Paris
(échantillons).   95

3° Acquisitions faites par le Musée grâce aux
soins de Desvaux et dons divers   1019

4° Collection particulière de M. Desvaux
(espèces).   1668

5° En double dans les tiroirs ou autrement
au moins 500 morceaux dont les 3/4 à M. Desvaux et non inscrits au catalogue   500
                                              ————————
                        Total général.   5114

Tous les minéraux qui ont servi de base à la minéralogie du département de la Vienne publiée par
Desvaux en 1804, dans les travaux de la *Société
d'émulation* de Poitiers, font partie de la collection
de notre Musée [1].

La collection formée par Desvaux avait plusieurs

---

[1] D'après une note de Desvaux sur le catalogue manuscrit
déposé aux archives du Musée d'histoire naturelle.

graves défauts, que M. Béraud a signalés dans ces termes [1] :

« Le premier, sans doute, est d'avoir été soumise
« à une classification et à une nomenclature propres
« à M. Desvaux seul et proposées par lui dans un
« ouvrage publié en 1833 [2], resté depuis lors inconnu,
« ce qui ne permet pas à qui veut étudier ces miné-
« raux d'en rapprocher facilement la synonymie de
« celle qui est adoptée généralement par la science
« moderne ;... »

« Le second défaut, c'est l'absence de localités pré-
« cises, chose capitale cependant dans une collection
« locale, et qui seule peut lui donner l'intérêt spécial
« qu'on y recherche et permettre les vérifications
« ultérieures. A quoi l'on doit ajouter encore qu'un
« grand nombre d'échantillons sont insuffisants à
« raison de leur trop petit volume. »

En présence des efforts du nouveau directeur, les savants et les collectionneurs s'intéressèrent à l'avenir du cabinet d'histoire naturelle et envoyèrent des dons importants ; nous en citerons quelques-uns que nous avons relevés sur le registre d'entrée, sur le catalogue de Desvaux et dans le dossier des Musées aux archives de la ville.

M. **Giron,** d'Angers, inspecteur des postes, envoya le 14 octobre 1832 : 14 échantillons de minéralogie des terrains primitifs, 27 des terrains volcaniques, une

---

[1] *Sur les études minéralogiques à Angers.* Mém. *Soc. Acad. de M.-et-L.*, t. IV, 1858, p. 92.

[2] *Nouvelle classification minéralogique.* Angers, 1834 ; extrait mém. *Soc. Agr., S., A. d'Angers,* Ire sér., t. II, p. 189.

empreinte végétale trouvée au milieu des basaltes. Desvaux apprécia particulièrement des prismes de basaltes qui manquaient à la collection.

La même année, M. **Berthe,** ancien relieur, remit à M. Renaud, conservateur adjoint, une quarantaine de coquilles fossiles.

Une note, sans date précise, indique le don d'échantillons de mines de fer par le colonel du **Bignon,** et de 40 minéraux offerts au Musée par M. Théodore **Jubin** et ses compagnons de voyage.

En 1838, grâce à ses relations scientifiques, M. Desvaux put procurer à notre Musée une collection des fossiles de Grignon et des environs rassemblés par Mme **Ranté,** de Sceaux, sœur de MM. Menière, d'Angers. Cette dame, extrêmement zélée pour l'histoire naturelle, a disposé les 500 échantillons sur 304 cartons contenant 297 espèces formant 95 genres. M. Defrance n'entra dans ce travail que pour la détermination, tant sur sa collection que sur les ouvrages de MM. Lamarck, Deshayes, Barterot et autres.

Sur la demande de Mme Ranté, cette belle série fut déposée provisoirement chez M. Auguste Menière, marchand de drap à Angers, à la disposition du Musée dès qu'un local réservé pour la recevoir permît de la placer sans inconvénient ; elle y resta jusqu'au 23 janvier 1839, jour où M. Boreau la fit transporter au cabinet d'histoire naturelle [1].

---

[1] Lettre de M. Defrance, septembre 1838. Lettre de M. Desvaux du 7 octobre 1838. Arch. mun. de la V. d'Angers. Reg. d'entrée, Arch. du Musée d'histoire naturelle.

Nous avons reconstitué en 1896 cette intéressante collection,

Au mois de juin 1838, un tailleur d'ardoises, du nom de Pierre-Michel **Roard**, donna deux échantillons de schiste tégulaire irisé tirés à 6 pieds de profondeur dans la carrière du Pré-de-Pigeon.

M. de **Beaumont** envoya la même année quelques bois fossiles trouvés à Tigné.

Le catalogue de Desvaux mentionne encore parmi les donateurs : MM. **Paumier,** Ch. **Girault, Mauny,** de la **Pylaie, Frison** de **La Motte, Chartier, Le Maoüt, Mirollaux,** Ach. **Joubert, Adville, Millet, La Revellière, Collet Dubignon, Drouet** (du Mans), de la **Brosse Flavigny,** et enfin **Frédéric VI,** roi de Danemarck, qui fît parvenir un bel échantillon de Spath hyalin d'Islande.

Le Muséum de Paris envoya successivement :

Le 18 novembre 1823, 38 échantillons de minéraux.

Le 27 octobre 1835, 127 spécimens des roches du bassin de Paris.

En 1826, on découvrit à Chaudefonds, dans une exploitation de marbre, une caverne renfermant des stalactites, Desvaux put en obtenir de très gros morceaux pour le Muséum d'Angers [1].

Les états de dépenses de 1834 à 1836 mentionnent de nombreux achats de minéraux chez M. Parruit, marchand à Paris, et un sieur Isabelle, brocanteur

qui avait été déclassée pendant son transport du logis Barrault au Musée de la place des Halles ; elle figure dans une vitrine spéciale de la grande salle de paléontologie. Malheureusement, quelques cartons ont été égarés.

[1] Desvaux, *Statistique de M.-et-L.*, p. 256-257. Angers, Pavie, in-8°, 1834.

d'objets d'histoire naturelle, rue Saint-Aubin, à Angers.

La paléontologie ne fut pas négligée[1] ; les fossiles dépendant du cabinet particulier de Desvaux, au nombre de 143[2], avaient été joints par ses soins à ceux existant déjà. Il put procurer au Musée plusieurs échantillons de paléontologie locale, tels que :

Un certain nombre de troncs de palmiers des mines d'anthracite de la Haie-Longue ;

Des impressions de fronde de palmiers dans les grès tertiaires d'Étriché, et de tiges de bambous dans ceux de Cheffes.

M. Desvaux cite principalement une empreinte des plus remarquables, du genre *Banksia* ou *Dryandra*, sur des grès de Gennes et de Saint-Saturnin[3].

Un fragment de calcaire chlorité du terrain crétacé de la Roche-Foulques, commune de Soucelles, renferme une belle empreinte ressemblant à une feuille de poirier ; Desvaux l'a placé dans la collection minéralogique de Maine-et-Loire[4].

Toutes ces acquisitions nouvelles avaient encombré les salles réservées à l'histoire naturelle; aussi, dans une lettre écrite au *Journal de Maine-et-Loire*[5],

---

[1] Le Muséum d'histoire naturelle se compose d'une salle principale et d'une plus petite, qui n'est point encore ouverte au public et qui est totalement composée de fossiles ou de pétrifications. *Annuaire de Maine-et-Loire*, Angers, 1836.

[2] Le nombre des fossiles est indiqué dans le rapport joint à la délibération du 27 mai 1839. — Arch. mun. de la V. d'Angers.

[3] Desvaux, *Statistique de Maine-et-Loire*, p. 308-309.

[4] Desvaux, *Statistique de Maine-et-Loire*, p. 300.

[5] *Journal de Maine-et-Loire*, n° 102, 29 avril 1836.

M. Desvaux se plaint-il de l'exiguïté des locaux affec-
tés aux collections ; cependant « il se plaît à reconnaitre que sans cesse l'administration a secondé la
sollicitude du conservateur, ce qui a soutenu son zèle
pour répondre à la confiance qu'on lui manifestait, et
c'est ce qui l'a déterminé à se désintéresser de ses
propres collections en faveur d'un établissement qu'il
affectionne et dont l'amélioration est sa plus cons-
tante préoccupation ». Il insiste « sur la nécessité
de placer chaque objet dans une position favorable
pour en faire ressortir le mérite et lui assigner le
nom rigoureusement en rapport avec les progrès de
la science, ces travaux devant conduire à composer
le catalogue général et méthodique de toutes les collections... C'est un travail lent mais qui, ne laissant
presque plus rien à faire pour l'avenir, donnera la
liberté plus tard de se livrer plus particulièrement
aux compléments dont le conservateur actuel sent
tout le besoin. »

Malheureusement, Desvaux ne put terminer les
catalogues du Musée ; il nous a laissé seulement celui
de la minéralogie dont nous avons parlé précédemment. Les fossiles n'ont jamais été classés ni catalo-
gués.

Desvaux avait donné originairement sa collection à
la ville d'Angers, mais dans la supposition qu'il en
resterait toujours conservateur.

En 1838, après certains incidents dont nous
n'avons pas à parler ici, Desvaux donna sa démission
de directeur du Jardin botanique et du Musée d'histoire naturelle ; sa retraite fut liquidée à la somme de

600 francs. Alors, l'ancien directeur revendiqua la propriété de ses collections. A la suite d'un long rapport, le Conseil municipal acquit pour la ville le cabinet minéralogique de Desvaux, ses fossiles, une collection de fruits exotiques, ses insectes, moyennant une rente annuelle et viagère de 600 francs [1].

M. Boreau, nommé directeur du Jardin des plantes et du Musée d'histoire naturelle par arrêté du 1er octobre 1838, fut installé le 1er décembre de la même année.

Dans les premières années de sa direction, le nouveau conservateur s'occupa activement du Musée. Les travaux d'appropriation entrepris de 1849 à 1850 amenèrent des changements dans la distribution des locaux du Logis Barrault ; les galeries de peinture furent portées au second étage, et le cabinet d'histoire naturelle au premier [2].

M. Boreau fit placer la collection minéralogique de Desvaux dans la galerie de droite, basse et mal éclairée ; elle y occupe encore actuellement dix-huit armoires vitrées à deux battants, séparées par de lourds pilastres qui perdent un large espace.

Notre savant botaniste ne recula pas devant un travail long et ingrat ; à la classification personnelle de Desvaux, il substitua celle de Beudant, alors adoptée dans tous les établissements scientifiques (b. 12). MM. Orlowski et Menière lui apportèrent leur précieux concours.

[1] Délibération du 27 mai 1839. Arch. mun. de la V. d'Angers.
[2] Il a été ouvert au public le 8 mars 1849 (Port, *Dict.*).

Les fossiles, d'abord placés à la suite de la minéralogie, furent transportés plus tard dans une petite pièce carrée dont l'entrée fait face à la salle de la cheminée gothique.

Les notes déposées aux archives municipales, le registre d'entrée du Musée, nous ont permis de dresser la liste des dons et des acquisitions de la direction Boreau.

DONS

1839. M. **Berthe,** gardien du Musée David d'Angers, 18 coquilles fossiles sans indication de provenance.

— M. **Genest** fils, pharmacien à Angers, 11 échantillons de minéralogie des environs de Paris.

1840. M. **Marais,** plusieurs échantillons de lave de l'Ile Bourbon.

— M. le baron de **Romans,** propriétaire à Martigné-Briand, six morceaux de bois pétrifiés de cette localité.

1842. M. **Boreau,** une empreinte de poisson[1] dans un schiste tégulaire trouvé en 1842 au tertre Saint-Nicolas d'Angers.

— M. l'abbé **Landriot,** d'Autun, des empreintes de poissons et des tiges de bois fossile du permien d'Autun.

1843. M. **Blordier-Langlois,** bibliothécaire, des

---

[1] Il s'agit d'un trilobite. Cette erreur grossière indique suffisamment l'ignorance en paléontologie du sous-conservateur Renaud, qui tint le registre d'entrée jusqu'en 1848, sous la direction Boreau.

empreintes végétales dans l'anthracite des mines d'Ardenay.

— M. le Directeur du **Musée de Bordeaux,** des fossiles du falunien de Bordeaux.

1848. M. **Girault-Lesourd,** une ammonite de grande taille trouvée au hameau de Vendor, commune de Saint-Georges-le-Thoureil.

— M. **Mirolleau,** joaillier à Angers, 2 topazes, 1 améthyste, 1 algue marine, 2 petits grenats, 1 rond de lapis taillé.

1852. M. **Cailliaud** (Frédéric), de Nantes. Un superbe échantillon de gneiss perforé par les pholades [1]. La même année, M. **Augé de Lassas** fit don d'un semblable spécimen.

1858. M. **Menière,** plusieurs échantillons de minéralogie.

Le Muséum d'histoire naturelle de Paris avait en ce moment pour directeur un Angevin, l'illustre Chevreul. Grâce à lui, M. Boreau put obtenir :

Le 27 octobre 1840, une caisse contenant 103 échantillons de roches représentant les divers terrains du bassin de Paris [2].

---

[1] M. P. Cailliaud est l'auteur d'un très intéressant travail sur cette question : *Procédé employé par les Pholades dans leur perforation* (*Ann. de la Soc. Acad. de Nantes*, 1855, et *Revue et magasin de zoologie*, 1857). Un exemplaire de cette brochure fut envoyé au Musée en 1858.

[2] Cette intéressante collection a servi à compléter le premier envoi fait en 1835 ; elle renferme des échantillons de tous les terrains des environs de Paris, depuis la craie de Meudon jusqu'au Diluvium, disposés dans l'ordre stratigraphique. La série des roches, envoyée sous la direction Desvaux, a été étiquetée soi-

Le 9 octobre 1841, trente-trois moulages en plâtre des divers ossements fossiles dont parle Cuvier dans ses ouvrages. On remarque notamment : une mâchoire inférieure de *Tetracaulodon*, jeune mastodonte d'Amérique, des molaires de *Dinotherium* et de *Lophiodon*, une tête de tortue fossile du Jura et des ossements d'*Iguanodon de Palæotherium*, etc.

Les achats furent peu nombreux ; nous en avons relevé quelques-uns :

1840. Fer sulfuré cristallisé en forme rhomboïdale trouvé dans un puits à la Chalouère (maison Mousset).

— Un morceau de bois pétrifié, trouvé à Seiches, (c'est une portion d'arbre dicotyledon converti en silex), il était au centre d'un banc fétide à 6 mètres de profondeur.

1849. 120 échantillons de fossiles de Bohème [1].

1863. Empreinte d'oursin sur un silex, bel échantillon sans indication de provenance.

— Trilobites des ardoisières.

Vers le milieu de l'année 1846, on découvrit dans le calcaire dévonien de Chaudefonds, une grotte que

gneusement par l'aide-géologue Charles d'Orbigny qui a signé la liste. Malheureusement, faute de place, M. Boreau ne put installer la deuxième partie de la collection ; dans le transport du Logis Barrault au Musée paléontologique, en 1890, une partie des échantillons qui restaient à cette époque, fut déclassée et nombre de pièces égarées. Cependant, il serait encore possible de reconstituer cette série géologique déposée dans un cabinet servant de réserve.

[1] En 1872 nous avons vu dans les vitrines du Musée de la rue Courte une dizaine de trilobites du silurien de Bohème disposés sans ordre ; ils constituaient sans doute les débris de cette collection.

l'exploitation du marbre a fait disparaître depuis ; cette cavité renfermait des stalactites, des stalagmites et une grande quantité d'ossements qui furent transportés en partie au Musée [1].

Au mois de mars 1863, sur l'ordre du Maire, 172 minéraux, pris parmi les doubles de la collection, furent remis à M. Trouessart, professeur de physique, pour le cabinet du Lycée d'Angers. Il est fâcheux que, parmi ces spécimens, destinés à des études très générales, on ait fait figurer des échantillons assez rares de la collection locale, tels que ceux-ci : lignite jayet des environs de Beaufort, lignite fibreux des environs de Corzé, résinoïte succin du Plessis-Grammoire, etc.

D'après M. Béraud, on remarquait en 1855 une suite nombreuse d'oursins fossiles déterminés par le savant M. Michelin [2].

Le 1ᵉʳ juillet 1839, pendant une séance du dimanche, à 1 heure de l'après-midi, le sous-conservateur du Musée d'histoire naturelle constata la disparition de l'aérolithe d'Angers ; les recherches minutieuses qui furent faites immédiatement ne permirent pas de découvrir l'auteur du vol. M. Boreau fit un rapport à l'administration municipale et M. Bastin, commissaire central, dressa procès-verbal.

Voici en quels termes le sous-conservateur Renaud raconte comment le Musée rentra en possession de cette précieuse pierre météorique :

[1] Voir Millet, *Indicateur de Maine-et-Loire*, t. I, p. 389.

[2] Il n'existait plus en 1882 aucune trace de cette belle série, sauf cinq ou six oursins non étiquetés.

« Au mois d'avril 1840, M. Guillory, adjoint de
« M. le Maire d'Angers, m'a fait mander chez lui pour
« me donner connaissance que M. Morren, proviseur
« au Lycée royal d'Angers, venait de recevoir une
« lettre de son parent, M. Morren, professeur d'his-
« toire naturelle à l'Université de la ville de Liège
« (Belgique). Il venait de lui être proposé par un
« nommé Édouard, établi coiffeur en ladite ville de
« Liège, l'achat d'une aérolithe accompagnée d'un
« procès-verbal signé des autorités de l'époque (1822),
« pour le prix de 300 fr. [1]. Soupçonnant que cet objet
« pouvait avoir été volé, il désirait avoir des rensei-
« gnements à ce sujet.

« D'après l'avis de M. Guillory j'allai en rendre
« compte à M. Boreau, conservateur en chef du Musée
« d'histoire naturelle, puis je me rendis chez M. Ermet,
« perruquier, rue du Port-Ligny, qui me déclara que :
« l'individu établi à Bruxelles se nommait Édouard
« Valleray, natif de Châteaugontier et qu'il était bien
« à Angers aux mois de juin et juillet 1839 pour y
« recueillir la succession de M. Frico, ancien confiseur
« à Angers ; époque qui s'accorde avec le jour où
« disparut l'aérolithe qui était placé sous un globe
« à gauche en entrant dans la salle d'ornitho-
« logie.

« Le 15 septembre je suis mandé au cabinet de
« M. le Maire où étaient présents : MM. Farran, maire,
« Cheux, 1er adjoint, Dainville, secrétaire général de
« la Mairie, pour me remettre (M. Boreau étant

---

[1] Voir annexe : pièce n° 5.

« absent) l'aérolithe... C'est bien le même qui fut
« volé le 1er juillet 1839. »

Le 29 août 1846, M. Giraud, maire d'Angers, donna
lecture au Conseil municipal d'une lettre de M. Boreau,
dans laquelle, après avoir fait connaitre que M. le
docteur Bastard, de Chalonnes, ancien directeur du
jardin botanique et du Musée d'histoire naturelle
d'Angers, a laissé en mourant des collections naturelles fort étendues, il rend compte du résultat de
son voyage à Chalonnes pour les examiner [1].

M. Boreau s'était convaincu sans peine que le
Musée de la ville se trouverait enrichi considérable-
ment par l'adjonction des collections formées par
M. Bastard. Si quelques objets paraissaient faire
double emploi, ils étaient en général si parfaits qu'ils
remplaceraient de la manière la plus heureuse ceux
que le cabinet de la ville possédait déjà.

Aux yeux de M. Boreau, l'ensemble des collections
Bastard représentait une valeur considérable; mais la

---

[1] Le cabinet de M. Bastard comprenait, d'après M. Boreau :
« 1° Une collection de minéralogie et géologie représentée par
« des échantillons de choix parfait ;
« 2° Une collection de coquilles aussi belles que nombreuses
« et dont plusieurs sont d'un grand prix ;
« 3° Une collection d'insectes, la plus nombreuse et la mieux
« classée qui soit dans nos contrées, collection qui manque
« entièrement au Musée d'Angers ;
« 4° Une suite de crustacés et de beaucoup d'autres objets se
« rattachant à l'histoire naturelle ;
« 5° Un riche et bel herbier renfermant, outre les plantes de
« Maine-et-Loire, celles de la majeure partie de la France, celles
« de l'Amérique septentrionale et celles qui étaient cultivées
« dans les jardins au commencement du siècle. »
Voir séance du 29 août 1846. Reg. des délibérations du Cons
mun. d'Angers. Arch. mun.

famille du défunt, mue par des sentiments élevés, regardait, disait-il, comme un honneur pour la mémoire de ce savant, qu'elles devinssent la propriété de la ville et paraissait disposée à faire des sacrifices dans ce but. Le directeur du Musée d'histoire naturelle pensait que la ville pourrait acquérir le tout pour 3.000 fr. et verrait avec plaisir le Conseil municipal se déterminer à s'imposer ce sacrifice, pour doter la ville d'objets précieux, dont on déplorerait plus tard la dissémination dans des mains étrangères.

Une pétition collective, signée de personnes s'occupant de sciences naturelles appuyait la demande de M. Boreau.

Le maire soutint fortement la proposition de M. Boreau, et le Conseil municipal lui adjoignit une commission, composée de MM. Guépin, Guitet et Oriolle, pour hâter la conclusion de l'affaire et traiter de l'acquisition de la collection moyennant la somme de 3.000 francs.

Lors de la discussion qui précéda cette résolution, M. Guépin fit remarquer à M. Courtiller, son collègue au Conseil municipal, qu'il fallait faire un inventaire minutieux du cabinet de Bastard, parce que tout naturaliste était pillard et voleur malgré lui. Le propos fut rapporté à M. Béraud d'une façon inexacte; ce dernier ayant cru y voir une allusion personnelle, ce malentendu faillit brouiller deux vieux amis [1].

D'autre part, M. Boreau, froissé de n'avoir pas été désigné pour faire partie de la commission, refusa

[1] Voir annexe, pièces nos 6 et 7.

d'accompagner M. le Maire d'Angers à Chalonnes, comme son titre de directeur du Musée d'histoire naturelle lui en donnait le droit.

Le 5 septembre suivant, M. Guépin lut au Conseil municipal le rapport[1] très favorable que la commission l'avait chargé de rédiger sur les collections de M. Bastard : laissées, disait-il, à des spéculateurs et des brocanteurs, elles seraient dépréciées, enlevées à notre pays dont elles feront l'ornement, si la ville d'Angers les acquiert.

La collection minéralogique est ainsi décrite au rapport de M. Guépin :

« A gauche, sont trois meubles vitrés de deux « mètres de large sur deux mètres cinquante de hau- « teur, remplis d'une superbe série de minéraux, « non déterminés, il est vrai, mais dans le plus bel « état, en échantillons choisis. »

Le Conseil municipal, après l'audition du rapport de M Guépin, autorisa définitivement M. Giraud, maire, à traiter de l'acquisition du cabinet Bastard. Malheureusement, les voyages de la commission à Chalonnes, les propositions des amateurs portèrent les héritiers de M. Bastard à exagérer la valeur des collections, et la ville d'Angers ne put obtenir d'acquérir cet ensemble si intéressant[2].

Sur la demande de M. Boreau, le préfet envoya, le

---

[1] Rapport inscrit au registre des délibérations du Conseil, séance du 5 septembre 1846. Arch. mun. de la V. d'Angers.

[2] Des renseignements que nous avons pu obtenir, il résulte que les collections de M. Bastard furent ainsi dispersées :

L'entomologie, et peut-être une partie de l'herbier, devinrent

10 janvier 1846, un exemplaire de la carte géologique que M. Cacarrié venait de publier aux frais du département.

Vers le milieu de l'année 1858, grâce aux démarches de M. Ménière et de la Société académique de Maine-et-Loire, un magnifique bloc de quartz aciculaire radié fut placé dans la cour d'honneur du Musée, au pied de la belle cage d'escalier du Logis Barrault [1].

Ce bloc, autrefois déposé dans l'espèce de bosquet qui précédait alors l'ancien couvent de la Fidélité, hôtel Gautier, provenait de Martigné-Briand. C'est un des plus beaux spécimens de quartz qui existent dans les musées.

L'exposition qui eut lieu à Angers en 1864 comprenait une section d'histoire naturelle très bien organisée. La partie géologique était particulièrement remarquable.

la propriété de M. Pradal, le savant naturaliste nantais, moyennant le versement d'une somme de 900 francs.

L'herbier, sans doute incomplet, fut vendu à M. Boreau, représentant de la ville d'Angers, pour la somme de 500 francs.

Au moment de la liquidation, en 1864, les coquillages et minéraux, n'ayant pas trouvé d'acquéreurs, furent attribués aux enfants de M. Gris, architecte à Nantes, qui ne possèdent actuellement qu'une quinzaine de boîtes de papillons et insectes très détériorés par l'humidité, plus une certaine quantité de coquilles et minéraux qui ne sont plus classés ni étiquetés.

[1] En 1896, la Commission du Musée a fait transporter ce bloc dans le vestibule de la galerie de paléontologie, place des Halles. La mousse avait envahi toute la surface, et des maçonneries, maladroitement ajoutées lors du pavage de la cour, le cachaient en partie. Aujourd'hui, ce magnifique morceau de quartz fait l'admiration des visiteurs. Lors de son inspection, en 1897, M. Lacroix, professeur de minéralogie au Muséum de Paris, le signala tout particulièrement.

M. **Fagès**, ingénieur des mines de Chalonnes, Saint-Lambert et Saint-Georges, avait exposé une très belle coupe du terrain anthracifère sur les deux rives du Layon et de la Loire.

Une collection aussi complète que variée de roches, d'empreintes et de fossiles végétaux, des échantillons des différentes veines de charbon, éclairaient et complétaient ce beau travail stratigraphique. On y remarquait des fragments de palmiers mesurant 0^{m}50 de diamètre, des *Sigillaria*, des *Calamites*, des *Sphenopteris* de la plus belle conservation, et, parmi les roches, tous les grès houillers et surtout des types variés de cette *pierre carrée* dont quelques-uns, véritables grès pourtant, rappellent de si près les porphyres du voisinage ; enfin, ces curieux rognons de silicate et de sulfure de fer variant de 12 à 45 centimètres de diamètre et qu'on prendrait volontiers pour d'énormes galets, si leur structure ne révélait une toute autre origine [1].

Une partie de cette exposition vraiment capitale au point de vue scientifique fut abandonnée, à la fin de l'exposition, au Musée d'Angers. Malheureusement, ne comprenant pas l'importance de ces documents géologiques, M. Deloche les entassa dans les greniers. En 1896, nous avons pu à grand'peine reconstituer les débris de la collection des roches dans le vestibule du Musée de paléontologie. La perte d'un assez grand

---

[1] Nous empruntons cette description à l'intéressante notice de M. le docteur Farge : *La section d'histoire naturelle à l'exposition de 1864*, publiée dans les *Annales de la Société linnéenne de Maine-et-Loire*, 7ᵉ année, 1864, p. 196.

nombre d'échantillons et le déclassement des autres sont d'autant plus regrettables que les mines de Layon et Loire ne sont plus exploitées actuellement.

Le mépris dans lequel était tenue la paléontologie au Musée d'Angers allait bientôt causer des pertes plus sérieuses encore que les précédentes.

MM. **de Léon,** héritiers de M. **Millet de la Turtaudière,** décédé le 18 juin 1873, offrirent généreusement à la ville d'Angers sa collection de paléontologie [1] ; c'était un don précieux qui, d'un seul coup, allait permettre de créer un cabinet de Paléontologie locale qui n'existait pas encore, car on ne pouvait donner ce nom aux fossiles distribués sans ordre et sans étiquettes sur des étagères ou abandonnés dans les greniers du Musée.

Malheureusement, M. Boreau, absorbé par ses études de botanique, avait laissé depuis un certain temps les galeries du Musée d'histoire naturelle aux bons soins de M. Deloche, préparateur habile, auquel nous devons notre belle galerie ornithologique, mais n'ayant aucune connaissance ni aucun goût pour les sciences géologiques. Des précautions suffisantes ne furent pas prises pour la sûreté des collections au domicile du défunt et leur transport au Logis Barrault.

D'autre part, M. l'abbé Vincelot, chargé de remettre les collections à la ville, les laissa trop facilement examiner par des visiteurs souvent peu scrupuleux et qui abusèrent de sa trop grande confiance. Une grande partie des échantillons disparut, des séries

---

[1] Voir annexe, pièce n° 8.

entières furent confiées à des géologues pour les classer d'après des principes nouveaux, ou entassées dans les greniers. Tout le terrain tertiaire ne rentra au Musée que sous la direction de M. Lieutaud.

De cette collection, qui comprenait des échantillons fossiles de tous les terrains du département [1], il ne reste actuellement que :

150 cartons étiquetés environ du terrain jurassique.
280   —   —   — tertiaire.
100 polypiers et spongiaires du tertiaire et du crétacé montés sur des pieds en bois sans étiquettes.

Un moulage de l'empreinte et de la contre-empreinte d'une feuille de palmier. L'original provenant d'un bloc de grès tertiaire de la plaine de Bray, commune de Seiches, est au Musée du Mans [2].

Tous ces fossiles ont été cités dans la *Paléontologie*, de Millet, publiée en 1854 ; un grand nombre durent à ses soigneuses et patientes recherches d'être scientifiquement reconnus, décrits et classés pour la première fois. Il est fâcheux que la volonté de l'auteur n'ait pas été mieux exécutée et qu'une partie des

---

[1] Les fossiles étaient collés sur des cartons de différentes couleurs. Ainsi, le jaune étant choisi pour le terrain jurassique, six nuances passant du jaune foncé au jaune clair y représentaient le lias moyen et supérieur, l'oolite inférieure, la grande oolite, le callovien et l'oxfordien. De même, trois nuances du vert représentaient dans le terrain crétacé les étages *cénomanien*, *turonien* et *sénonien*.

Ces détails nous sont donnés dans l'étude de M. Farge sur *La section d'histoire naturelle à l'exposition de 1864* (déjà citée dans une note précédente). On trouvera dans ce travail une très intéressante description de la collection Millet à cette époque.

[2] Millet, *Paléontologie de Maine-et-Loire*, p. 131, note n 3.

documents à l'appui de l'ouvrage de Millet fasse défaut aujourd'hui.

Dans la séance de la Société d'Agriculture, Sciences et Arts d'Angers, le 27 août 1873 [1], en annonçant à ses collègues le legs fait par M. Millet à la ville d'Angers, M. Lachèse, président de la séance, rappela que, la Société possédant des minéraux recueillis par MM. Millet et Desvaux, il y aurait peut-être lieu, pour remplir d'une manière plus sûre les intentions du testateur et aussi pour mieux servir les intérêts de la ville, de réunir ces minéraux à ceux que Millet avait déjà dans son cabinet. Ni les procès-verbaux des séances suivantes, ni les archives du Musée ne nous ont fait connaître s'il a été donné suite à cette intelligente et généreuse proposition [2].

[1] *Mém. Soc. Agr., S. et Arts d'Angers*, t. XVI, n. p., p. 495-1873.

[2] La Société possédait, en 1845, les minéraux rassemblés par les ingénieurs des mines du département pour étudier sa constitution géologique ; elle les avait obtenus grâce à l'intervention du Préfet de Maine-et-Loire et les confia à M. Cacarrié qui devait les étudier à nouveau ; les échantillons disposés par les soins de cet ingénieur dans des cuvettes en carton, étiquetés soigneusement, furent en partie dispersés. Vers 1885, cette collection, encombrant les vitrines de la Société, fut remise à l'Externat Saint-Maurille, établissement ecclésiastique d'instruction secondaire. (Ce renseignement nous a été donné par un des membres de la *Société d'Agriculture, Sciences et Arts d'Angers*.) Qu'il nous soit permis de regretter que cette collection départementale, formée par des fonctionnaires de l'État, n'ait pas été remise par le Préfet au Musée de la ville d'Angers ; elle comprenait tous les documents à l'appui de la *Description géologique du département de Maine-et-Loire*, publiée conformément à la décision du Conseil général par M. Cacarrié, ingénieur des mines en 1845. — Cette collection minéralogique et géologique était le complément naturel de la collection paléontologique de Millet et aurait formé un ensemble du plus grand intérêt pour le département.

A ce sujet, lire le procès-verbal de la séance du 19 décembre 1845 dans les *Mém. Soc. Agr. S. et Arts d'Angers*.

Après le décès de M. Boreau, en 1875, M. le docteur **Lieutaud** lui succéda et fut installé le 1er novembre de cette année, en **qualité** de directeur du jardin botanique et du Musée d'histoire naturelle.

Sur la proposition de M. Béchet, conseiller municipal, et après un très savant rapport fait au Conseil par M. le docteur Mottais[1] le 11 juin 1880, la ville acquit en 1881, pour la somme de 3.000 francs, une collection de minéralogie formée par M. **Marchand.** Elle se compose de 315 échantillons de minerais provenant de l'Amérique du Sud ; plusieurs ont été analysés par M. Domeyko, le minéralogiste bien connu à Santiago. Cette belle série renferme trois minerais d'or et principalement des minerais d'argent et de cuivre, dont quelques-uns fort rares. Des étiquettes imprimées accompagnent chaque échantillon, un catalogue spécial a été publié (b. 10) ; quelques-unes des déterminations sont inexactes Le désir de M. Victor Marchand était de donner sa collection à la ville, mais la situation assez précaire de sa veuve la contraignit à vendre. L'estimation, peut-être un peu exagérée, des minerais fut faite par M. Chatin, professeur à l'École de Pharmacie de Paris.

L'administration de M. Lieutaud cessa vers la fin de l'année 1881. Le 1er janvier 1882, M. le docteur **Trouessart,** naturaliste éminent, prit la direction unique du Musée d'histoire naturelle, désormais dis-

---

[1] Rapport inscrit au registre des délibérations du Conseil municipal, séance du 11 juin 1880. Arch. mun. de la V. d'Angers.

tincte de celle du jardin des plantes. Une commission spéciale de 7 membres, composée d'hommes compétents dans les diverses branches de l'histoire naturelle, lui fut adjointe [1] sur la proposition de M. Bouvet, aujourd'hui directeur [2].

Grâce à cette nouvelle institution, les sciences géologiques, et particulièrement la paléontologie, ne

[1] La commission était ainsi composée :

M. Meleux, docteur-médecin, *président*.

M. Lebard, professeur de physique au Lycée, *secrétaire*.

MM. Aubert, juge de paix ; Bouvet, pharmacien ; Gallois, inspecteur des enfants assistés ; Lieutaud, docteur-médecin ; Raimbault, pharmacien des hospices, *membres*.

M. Dalimier, proviseur du Lycée, remplaça en 1882 M. Lebard, appelé par ses fonctions à Angoulème.

En 1884, M. Préaubert, professeur au Lycée, fut nommé membre de la Commission, lorsque M. Dalimier quitta Angers.

Les places laissées libres par le décès de M. le docteur Meleux et le départ de M. Gallois furent confiées, en 1892, à M. de Tarlé, conseiller municipal de la ville d'Angers, et M. Surrault, professeur à l'École normale d'instituteurs.

Par arrêté du 31 mai 1895, M. Lavennier, propriétaire ornithologiste, succéda à M. Bouvet, appelé à la direction du Musée, et je pris la place de M. Lieutaud, décédé.

Actuellement, la commission est constituée comme il suit :

MM. Aubert, *président*, entomologie.

Desmazières, *secrétaire*, géologie, paléontologie.

Préaubert, *membre*, géologie, paléontologie, ornithologie.

De Tarlé, — entomologie.

Raimbault, — minéralogie.

Surrault, — conchyologie, géologie.

Lavennier, — ornithologie.

[2] Voir au registre des délibérations du Conseil (Arch. mun. de la V. d'Angers) : Séance du 16 avril 1880, projet de réorganisation des Musées par M. Bouvet, conseiller municipal ; séance du 23 juin, rapport de M. Bouvet (Georges), au nom de la commission chargée d'étudier les modifications à apporter à l'organisation des Musées.

tardèrent pas à prendre dans notre Musée le rang qui leur appartenait.

M. **Goujon,** directeur des eaux de la ville d'Angers, fit don de belles empreintes végétales des mines d'anthracite de Chalonnes-sur-Loire [1].

La Commission s'empressa d'acquérir des ammonites de grande taille du jurassique, de Montreuil-Bellay, qu'on trouvait alors dans la tranchée du chemin de fer de l'Etat, ouverte en 1884, et deux ammonites, dont l'une pesant environ 50 kil., provenant du Turonien de Saint-Cyr-en-Bourg.

La démission de M. Trouessart mit fin à la direction spéciale qui semblait devoir produire d'heureux résultats. Le 1er janvier 1885, M. le docteur **Lieutaud** reprit la double direction du Musée et du jardin botanique, mais la commission de contrôle fut heureusement maintenue.

Le 2 juillet 1885, M. l'adjoint Prieur communiqua à la Commission du Musée une lettre de M. **Soye,** contrôleur des chemins de fer de l'Ouest, contenant : l'offre de céder à la ville d'Angers une remarquable col-

---

[1] Ces échantillons, rassemblés par M. Fouilleul, directeur des mines de houille de la Prée, à Chalonnes, avaient figuré à l'exposition d'Angers, en 1877. Après la fermeture, ils furent donnés à M. Goujon qui les déposa au Château-d'Eau ; plusieurs collectionneurs purent se procurer des spécimens par l'entremise du portier. Parmi les plus beaux blocs provenant de cette collection, nous citerons : un énorme tronc de palmier, une plaque de 0m80 de long renfermant une superbe empreinte de *lepidodendron*, des branches d'arbres fossiles, etc., actuellement placés dans l'escalier du Musée de paléontologie. Sans l'intelligente initiative de M. Goujon, ces derniers représentants de nos houillères étaient perdus pour le Musée.

lection de fossiles ; il insistait sur l'intérêt de cette proposition dont l'importance lui paraissait incontestable.

Les membres de la commission saisirent avec empressement l'occasion qui leur était offerte de doter enfin notre Musée d'une galerie de paléontologie. Pour justifier cette acquisition, ne suffit-il pas, disait le rapporteur, de signaler une seule lacune de nos collections au milieu de beaucoup d'autres ? « Les savants qui viennent à Angers pour étudier les trilobites de nos schistes ardoisiers, persuadés qu'ils ont plus de chance de rencontrer dans la localité classique que partout ailleurs la série complète de ces curieux fossiles, ont le regret de constater qu'ils font absolument défaut dans notre Musée et sont obligés d'aller chercher dans les villes voisines des documents qu'ils étaient en droit d'espérer trouver à Angers. »

La collection formée par M. Soye, en grande partie lors de la construction des chemins de fer de l'ouest de la France, se compose de plus de *11.000* échantillons établis sur *4.500* cartons. Les divers terrains classiques, mais principalement les espèces du silurien, du dévonien, du jurassique, du cénomanien et du falunien de la région ouest sont représentés par des types remarquables ; quelques localités, aujourd'hui épuisées, telles que : Montbizot, Traveuzot, la tranchée du chemin de fer de Sablé, etc., offrent des séries fort rares actuellement. Elle renferme beaucoup de fossiles du département [1].

---

[1] Voir le tableau récapitulatif de la collection Soye donné par M. Bouvet dans son étude sur *le Musée d'histoire naturelle et le Jardin botanique* (*b.* 5).

Cependant, en considération de l'importance de cette acquisition, l'appréciation de la valeur scientifique de la collection Soye fut soumise au distingué professeur du Muséum d'histoire naturelle de Paris, M. Stanislas Meunier. Ce savant spécialiste donna les conclusions suivantes, résumant son opinion sur la collection :

« La collection soumise à mon examen me paraît
« présenter un haut intérêt ; elle constitue un noyau
« de musée fort précieux et elle possède en elle-
« même, par ses innombrables doubles de fossiles
« intéressants, le moyen de s'accroître beaucoup par
« voie d'échanges et sans dépense nouvelle. Une
« pareille réunion d'échantillons préparés, étiquetés,
« au moins pour les localités, et rangés par terrains,
« a exigé, chez celui qui l'a réalisée, un grand travail
« poursuivi sans relâche, pendant plus d'un quart de
« siècle, et lui a causé de notables dépenses. »

A la suite d'un rapport très étudié de M. le docteur Legludic [1], insistant sur l'opportunité de la création d'une galerie de paléontologie et sur son utilité incontestable, le Conseil municipal vota, dans la séance du 15 septembre 1885, un crédit de 4.500 francs, montant du prix demandé par M. Soye. Nous ne saurions trop féliciter le Conseil municipal d'avoir montré par cette décision l'intérêt qu'il portait à la cause des sciences géologiques.

La nouvelle acquisition fut livrée à M. Gallois, délé-

---

[1] Rapport annexé à la délibération du 15 septembre 1885. (Arch. mun. d'Angers.

gué de l'administration, au mois de novembre 1885, et resta quelques mois en caisses.

Les galeries du Logis Barrault étant complètement insuffisantes pour l'installation d'une collection paléontologique aussi importante, la municipalité s'empressa de faire approprier l'ancienne salle de la Cour d'Appel, place des Halles, et le cabinet du président ; un parquet fut posé.

M. Prieur, alors adjoint, se montra plein de dévouement pour aider M. Lieutaud et les membres de la commission dans l'accomplissement de leur œuvre scientifique.

De 1888 à 1890, M. Lieutaud, avec l'aide de MM. Gallois et Préaubert, s'occupa de l'installation matérielle de la collection Soye, qui fut exposée dans des vitrines très simples mais suffisantes. Enfin, considérant que M. Soye avait cédé ses fossiles sans condition, la commission décida, dans la séance du 10 novembre 1888 : que les échantillons de paléontologie des galeries du Logis Barrault seraient transportés dans la salle nouvellement concédée par la ville pour former une collection unique sous la dénomination de *Musée paléontologique*.

Au mois de mai 1891, M. **Chelot**, géologue, licencié ès sciences, procéda à la classification stratigraphique des séries exposées provisoirement sans ordre scientifique et à la détermination d'un certain nombre de fossiles [1].

---

[1] Les déterminations et les rectifications n'ont pas toujours été suffisamment justifiées ; mais il faut tenir compte du peu de temps dont disposait M. Chelot (8 jours) pour classer près de

Désormais la ville d'Angers pouvait offrir aux savants et aux simples curieux une magnifique galerie paléontologique qui venait compléter la liste des établissements artistiques et scientifiques, dont nos concitoyens sont si fiers à juste titre.

L'exposé général des différentes étapes de la formation du Musée paléontologique nous a fait passer sous silence un certain nombre de dons et d'acquisitions qui vinrent accroître les richesses de la collection Soye. Pour bien faire ressortir les efforts des membres de la commission, et spécialement de MM. Préaubert et Gallois, secondés par la sollicitude de M. le directeur Lieutaud, nous les résumerons dsns une liste analytique.

1885

Don de M. **Launay,** Émile, négociant à Angers, de stalactites ferrugineuses provenant de la baie de Douarnenez.

Acquisition du moulage d'un *Ichthyosaure* exécuté sous les ordres de M. Renevier. L'original, qui fait l'ornement de la collection du Musée de Lausanne, fort bien conservé, est d'une grande taille (3^m de long); il a été trouvé en 1884 dans le lias inférieur de Boll, province de Wurtemberg.

5000 cartons et déterminer un grand nombre d'échantillons, et de la modique somme qui lui était allouée pour ce travail. M. Chelot n'a en effet touché que 250 francs, y compris les frais de voyage. Le travail a été fait aussi consciencieusement qu'il était possible de le terminer dans de pareilles conditions, et plusieurs des rectifications reconnues exactes par des spécialistes.

1886

Achat de moulages, de *Sabalites Andegavensis*, exécutés à l'aide d'un magnifique échantillon original trouvé à Cheffes et appartenant à M. Cholet.

1887

Acquisition de squelettes fossiles du lias supérieur de Holzmaden (royaume de Wurtemberg). Ces spécimens, fort remarquables, ont été vendus par M. Meÿrot, fournisseur de musées, près Bâle, après un rapport fait par M. Renevier, directeur du Musée de Lausanne, sur leur authenticité et leur valeur scientifique ; ils sont au nombre de deux :

1° Un grand *Ichthyosaurus Triascus ;*
2° Une empreinte de *Pentacrinites Brijoïdes.*

Achat de 8 pièces de carbonate de chaux cristallisé en scalenoèdre trouvées à la carrière de la Grande-Maison, commune de Trélazé, de fossiles du néocomien, d'empreintes de poissons et plantes de l'Éocène des Basses-Alpes.

1888

Acquisition de 200 blocs de grès à empreintes végétales de Saint-Saturnin (Maine-et-Loire).

M. Préaubert a fait transporter quatre blocs de basalte, achetés pour le Musée au cours d'un voyage qu'il a effectué dans le Cantal.

M. **Riché**, propriétaire à Fontaine-Guérin, a fait don d'un crâne appartenant à un squelette humain découvert en fouillant une grotte creusée dans un massif de tuf de cette localité [1], au tertre Montrond.

1890

M. **Préaubert** offre au nom de l'un de ses parents, M. **Dufossé**, instituteur à Belle-Église (Oise), des empreintes de végétaux des grès du tertiaire de cette région.

1891

M. Bouvet vend une collection de 150 échantillons d'empreintes végétales des terrains houillers de Chalonnes, Montjean, Ardenay ; des grès tertiaires de Cheffes, des bois fossiles de Montreuil-Bellay, des spécimens du dévonien de Vern.

---

[1] Dans le but de s'informer de la valeur scientifique de cette trouvaille, MM. Préaubert et Gallois se transportèrent à Fontaine-Guérin. Malheureusement, les renseignements fournis sur les conditions dans lesquelles le squelette fut découvert ne permirent pas de se faire une opinion sur l'époque de son enfouissement dans le sol ; le crâne accuse une dolicéphalie franche (indice 74, 6) qui tranche avec la configuration générale de la tête des habitants actuels et semble due à un élément ethnique étranger. Le squelette était, paraît-il, accroupi ; on n'a pas trouvé trace de cercueil ni fait attention aux objets qui pouvaient accompagner le corps.

M. Bousrez, dans son travail sur les *Monuments mégalithiques de la Touraine*, indique (p. 93) une découverte à peu près semblable dans les caves creusées dans le tuffeau, à Sainte-Maure, et dites *caves des Bohêmes.* « Ces caves sont évidemment d'anciens abris sous roche dont l'orifice s'est écroulé... des ossements ont été trouvés et laissés en place, on pourrait se rendre compte de la valeur de ces débris. » Il serait intéressant de comparer ces ossements avec le crâne de Fontaine-Guérin.

Les habitants du bourg accueillirent les délégués de la Commission du Musée avec le plus grand empressement et leur remirent gracieusement plusieurs fossiles du Turonien et de beaux échantillons de bois fossile du crétacé.

1892

M. **Préaubert** donne des fossiles du sénonien des environs de Beauvais.

Se trouvant dans la nécessité de quitter Angers en 1892, M. **Gallois** se détermina à mettre en vente sa collection de paléontologie. Elle comprenait des représentants de tous les étages et, particulièrement, de très beaux spécimens du silurien, du dévonien et du tertiaire de l'Anjou et de l'Ouest de la France. Une très riche série d'oursins du secondaire et du tertiaire, des échantillons de grande taille propres à orner un musée, une tête d'ours des cavernes, etc. [1]

C'était une trop précieuse occasion, qu'il ne fallait pas laisser échapper, d'augmenter nos collections en fossiles remarquables par eux-mêmes et intéressants tout particulièrement en raison de leur origine locale ou régionale. Tous les efforts devaient être tentés pour empêcher de sortir de nos murs cette belle série paléontologique, que convoitait déjà ouvertement un musée voisin.

Autorisé par l'assentiment unanime de ses collègues de la Commission et de M. Lieutaud, M. Bouvet fit des offres d'achat au chargé d'affaires de M. Gallois et parvint à acquérir pour le Musée la partie la plus intéressante de sa collection à des conditions assez avantageuses. La somme de 1192 francs, représentant le prix de cette acquisition, fut prise sur le budget ordinaire du Musée d'histoire naturelle ; aucune allocation spéciale ne fut accordée par la Ville.

[1] Voir annexe, pièce n° 9.

Au moment où les collections de la Ville, prenant une nouvelle extension, allaient nécessiter un local plus vaste ; la municipalité, par une étrange contradiction, supprima au contraire une des salles réservées au Musée de paléontologie, l'ancien cabinet du Président, pour l'affecter à un cours public de dessin.

Le 20 avril 1894, respectant les dernières volontés de son mari, Mme **Poitevin** offrit gracieusement au Musée la belle collection paléontologique formée par l'infatigable géologue de Châteauneuf-sur-Sarthe (*b.* n° 6).

La partie principale de la collection consiste en une série remarquable d'environ 300 polypiers et spongiaires du terrain crétacé (*sénonien*) de Châteauneuf. Le crétacé de Briollay, Brissarthe, le jurassique de Durtal, les faluns du canton de Châteauneuf sont représentés par des échantillons d'une conservation parfaite.

Les polypiers et les spongiaires renfermés dans les vitrines du donateur forment une série spéciale sous la dénomination de collection Poitevin ; les autres fossiles ont été distribués dans les différents étages auxquels ils se rapportent, avec mention du nom du donateur.

M. **Morel**, étudiant en médecine, envoya de superbes spécimens des trilobites du silurien de La Pouëze ; ils font l'admiration de tous les naturalistes.

Après le décès du docteur Lieutaud, M. **Bouvet** prit, en 1895, la direction du jardin botanique et du Musée d'histoire naturelle. L'administration ne pouvait faire un meilleur choix. Botaniste distingué, le nouveau directeur n'était pas étranger aux autres branches de l'histoire naturelle ; dans une étude sur le Musée d'histoire naturelle, publiée en 1886 (*b*. 5), il avait proposé une série de réformes qui décelaient une connaissance approfondie de l'état des collections de la ville ; nous citerons notamment les passages relatifs à la minéralogie, la géologie, l'installation et l'aménagement de la galerie de paléontologie. Les idées émises dans cette brochure allaient pouvoir être appliquées, l'heure des achats était passée, la période de l'organisation définitive allait commencer.

D'importants remaniements allaient devenir indispensables dans la galerie de paléontologie. La collection Gallois était restée renfermée dans dix-huit grandes caisses. D'autre part, trouvant les vitrines de la collection Soyc mal éclairées par suite de leur position dans le sens parallèle aux fenêtres, le précédent directeur avait tourné les tables perpendiculairement aux ouvertures ; cette disposition était certainement préférable, mais elle eut l'inconvénient de modifier complètement la classification stratigraphique établie par M. Chelot.

Au mois d'avril 1895, M. Bouvet fit appel à M. Préaubert, toujours disposé à mettre ses connaissances si étendues et son dévouement au service de la science, et me pria de m'occuper avec lui des transformations nécessaires dans la galerie de paléontologie. La tâche était assez lourde ; nous consacrâmes tous les deux une partie de nos loisirs à compléter l'œuvre de nos prédécesseurs.

Tous les fossiles de la collection Gallois, ceux donnés par M. Poitevin, sauf les polypiers et les spongiaires, les échantillons épars dans les greniers du logis Barrault ont été intercalés dans la collection Soye, où avaient déjà pris place les spécimens provenant du cabinet de Millet. De cette façon nous avons formé une série unique.

Les fossiles ont été rangés suivant l'ordre géologique des terrains et non d'après les classifications zoologiques ou botaniques, cette dernière méthode n'étant applicable qu'aux très grandes collections et lorsque tous les échantillons sont parfaitement déterminés. D'ailleurs il serait facile avec les doubles de la collection de former une série renfermée dans une armoire vitrée et présentant les types les plus caractéristiques des espèces, choisis parmi des échantillons de conservation parfaite et disposés suivant l'ordre zoologique.

Nous nous sommes servis très utilement des tableaux géologiques [1] si complets, dressés par M. Renevier, directeur du Musée de Lausanne, tout en conservant pour le silurien, le dévonien et le carbonifère du département et de l'ouest de la France, la classification très bien établie par M. Lebesconte [2] pour cette région.

---

[1] Renevier, E., *Chronographie géologique.* 12 grands tableaux en couleur, avec texte explicatif et répertoire stratigraphique polyglotte. Georges Bridel et Cie, Lausanne. Félix Alcan, Paris, 1897.

[2] Lebesconte, *Classification des assises siluriennes, dévoniennes et permo-carbonifères du massif Breton ou Armoricain.* Extrait du *Bull. Soc. géol. de France,* 3ᵉ sér., t. XIV, p. 817,

Nous aurions désiré former une collection locale complètement distincte de la collection générale. Les dispositions précédemment adoptées, le manque d'espace ne permettaient pas de le faire sans bouleverser toutes les séries. Le peu de temps dont nous disposions nous forçait à adopter une méthode de travail qui permit de procéder progressivement, en laissant le Musée ouvert au public.

Cependant nous n'avons pas perdu de vue les excellentes recommandations de M. Bouvet, sur l'utilité incontestable des collections locales et régionales ; ce sont elles en effet qui offrent le plus d'intérêt au visiteur toujours curieux de connaître les raretés de sa contrée. Les savants eux-mêmes ne viendront pas demander à nos musées de province des matériaux d'étude de paléontologie générale, qu'ils trouveront plus facilement dans les établissements scientifiques de la capitale ; ils chercheront dans nos collections des échantillons du département ou de la région.

Pour nous conformer à ce principe, tous les fossiles du département furent retirés des séries où ils étaient mélangés avec ceux des autres contrées. Dans chaque assise géologique, la série départementale a été classée à part ; ensuite, nous avons disposé successivement les fossiles de notre région Ouest, ceux des autres parties de la France et enfin la paléontologie étrangère.

séance du 22 août 1886. Gaston de Tromelin et Paul Lebesconte, *Classification des assises siluriennes du département d'Ille-et-Vilaine et des pays voisins*. Extrait du *Bull. Soc. géol. de France*, 3e sér., t. IV, p. 11 (du tirage à part), séance du 26 juin 1876.

Des vitrines particulières ont été consacrées aux polypiers et aux spongiaires, d'autres aux grès tertiaires, une a été réservée aux bois fossiles; toutes ces séries sont exclusivement locales. Quelques échantillons de minéralogie remplissent une armoire vitrée, le manque de place ne permettant pas de les disposer dans les galeries du Logis Barrault, à la suite de la collection Desvaux.

Les étiquettes indicatives des assises géologiques seront prochainement imprimées et placées suivant l'ordre stratigraphique.

Des cartes géologiques de la France, du département et de la région ont été disposées sur les murailles de la salle, quelques tableaux offrant des vues des régions volcaniques, des carrières de la craie, des chaussées de basalte, etc., viennent compléter l'ornementation et rompre la monotonie habituelle d'une galerie de paléontologie.

Dans le vestibule d'entrée et dans l'escalier, des blocs de grès, des troncs de palmiers des mines de houille, d'énormes ammonites, de grosses plaques contenant des *ostrea* du crétacé, des fossiles du dévonien, ont été déposés sur le sol ou sur des piédestaux; on remarque principalement le bloc de quartz aciculaire radié volumineux et peut-être unique dont nous avons parlé précédemment.

Une vitrine spéciale renferme les dons et les nouvelles acquisitions faites dans le courant de l'année.

Les savants et les amateurs n'ont pas tardé à seconder les efforts du directeur et des membres de la

Commission du Musée ; de 1896 à 1897, de nombreux dons vinrent compléter les collections.

M. **Davy,** ingénieur civil des mines à Château-briant, auquel nous devons de si intéressants travaux sur la géologie de notre région, abandonna généreusement en faveur de la galerie de paléontologie une précieuse collection d'ossements fossiles des grottes quaternaires des bords du Layon entre Chalonnes et Chaudefonds, principalement de la caverne Saint-Charles. Les déterminations ont été faites par le savant M. Boule. Cette riche collection allait former le noyau d'une série quaternaire et préhistorique de l'Anjou.

M. **Charpentier,** chef de bureau à la Préfecture, a remis à M. Préaubert des fossiles des faluns de Noyant.

M. **Gagneux,** instituteur à Saint-Pierre-Montli-mart, lui donne également de beaux échantillons de mispikel aurifère de cette localité.

MM. **Renouard** et **Fonteix,** entrepreneurs, ont offert à M. Préaubert pour les collections du Musée : un échantillon de granit rose de Saint-Macaire-en-Mauges, deux dalles, l'une de schiste noir de Montrevault, l'autre de schiste vert de la carrière de la Paillerie, commune du Fief-Sauvin. Ces deux spécimens appartiennent au pré-cambrien du Choletais.

M. **Dilhac,** entrepreneur du chemin de fer de Cholet à Nantes, a donné un bel échantillon de quartz du Cantal.

Ces messieurs ont coupé, en faisant les tranchées du chemin de fer près Montrevault, en 1897, le tumulus dit de *Saint-Antoine*, dans la propriété de M. Ménard ; ils ont trouvé et déposé entre les mains de M. Préaubert quelques ossements d'animaux placés au Musée de paléontologie et des fragments de poterie et de bronze, transmis au Musée d'archéologie Saint-Jean.

Nous devons à M. **Michel**, conservateur du Musée d'archéologie : un bois fossile à l'état de lignite trouvé en creusant un puits dans le terrain crétacé au lieu dit le *Perray*, commune de Saint-Sylvain ; deux dents de cheval provenant du moulin d'Yvraie et appartenant au quaternaire récent ; le moulage d'un polissoir pour les haches de pierre trouvé au village de la Chiffonnerie, commune d'Azé, près Château-Gontier (Mayenne) ; une série de petits quartz bi-pyramidés de Tunisie (plage de Carthage). Par son entremise, M. **Claveau,** curé de Varennes, près Mirebeau (Vienne), a fait remettre au Musée de paléontologie une caisse de spongiaires du crétacé, fossiles ramassés dans sa paroisse.

M. **Picheryt-Magnan,** directeur des ardoisières d'Avrillé, MM. **Jossin** et **Guillot,** ouvriers, m'ont apporté des échantillons de fossiles et de minerais trouvés dans la carrière de la Renaissance, près le bourg.

M. **Préaubert** a donné divers ossements des cavernes du Layon, des fossiles du tertiaire falunien du Haguineau (commune de Saint-Saturnin), de nombreux échantillons du corallien des environs de La Rochelle.

M. **Chrétien,** le dévoué gardien du Musée, procura un bel échantillon de quartz des carrières de Vernon

(Eure) donné par M. **Foconet,** charron, un de ses amis.

M. **Dezé,** instituteur à Brion, nous a remis gracieusement pour le Musée : 1° un morceau de bois silicifié de 0^m45 de long trouvé à l'Ailleraye, le long du ruisseau de Brené, commune de Brion ; 2° deux morceaux de bois calcinés provenant d'un puits creusé à 2 kilomètres du bourg de Brion, dans les terres d'alluvions.

M. **Bousquet,** inspecteur des chemins de fer de l'État, offrit de beaux échantillons de spath des fours à chaux de Chaudefonds (Maine-et-Loire); M. **Bas,** archiviste au ministère de la guerre, des cristaux de gypse trouvés dans les marais salants du Croisic (Loire-Inférieure); M. **Germain,** instituteur adjoint à Angers, des grès de Saint-Saturnin contenant des coquilles d'eau douce; M. **Morel,** étudiant en médecine, des ossements, des faluns de Noyant et des grottes de Chalonnes (Maine-et-Loire).

J'ai fait déposer, à titre de don au Musée, deux caisses de fossiles contenant entre autres spécimens : des spongiaires du crétacé (sénonien) de Blaison, des grès à empreintes de feuilles des coteaux de Saint-Saturnin et Blaison, un beau fragment de grès armoricain de la Jaille-Yvon avec une empreinte de *cruziana;* un échantillon de calcaire lacustre (tertiaire) trouvé au lieu dit le moulin du *Préau,* commune de Saint-Rémy-la-Varenne, pendant une excursion avec M. Welsch, le savant professeur de la faculté de Poitiers; un curieux *crochon* présentant en miniature les plissements du silurien; cet échantillon provient des environs de Beaucouzé (La Césarerie)[1] ; des scories et du minerai de fer des anciennes forges du Plessis-Macé dont j'ai retrouvé dernièrement l'emplacement[2].

Les acquisitions comprennent : de remarquables quartz pseudomorphes trouvés à la Changerie, commune de Beaucouzé, des échantillons de Mispikel dans des quartz du boulevard Carnot, à Angers, et d'autres semblables extraits de la carrière qui borde les ardoisières d'Avrillé à l'ouest du bourg, des *orthoceras* du silurien supérieur de la Meignanne ; un beau bloc de résine fossile (succin ou ambre jaune) recueilli à 9 mètres de profondeur dans un puits creusé commune de Brion[3]. Ces échantillons ont été achetés par nous au cours de nos recherches géologiques en Maine-et-Loire.

MM. Bouvet et Préaubert ont pu acquérir à Saint-Saturnin un superbe bloc de grès avec de nombreuses empreintes de feuilles, il a été encadré soigneusement et placé dans le vestibule du Musée. Une belle série d'insectes fossiles dans l'ambre de l'oligocène des bords de la Baltique a été achetée à M. Pouillon, naturaliste de Landroff (Lorraine).

[1] Consulter une curieuse étude de M. Stanislas Meunier sur *Les crochons expérimentaux*, dans le *Naturaliste*, n° 251, du 15 août 1897, pp. 185 à 187.

[2] J'ai lu une note sur ces forges à la *Société d'études scientifiques d'Angers* dans la séance du 2 décembre 1897 ; elle est reproduite dans les annexes, pièce n° 11.

[3] M. Dezé, instituteur à Brion, a bien voulu se charger d'acquérir pour le Musée cet échantillon qui nous avait été signalé par M. Revellière, ancien receveur de l'enregistrement à Angers.

Par voie d'échanges nous avons pu obtenir :

De M. **Lebesconte,** géologue à Rennes, bien connu par ses beaux travaux sur le silurien de notre région, d'intéressants fossiles des grès armoricains, déterminés par lui ;

De M. **Welsch,** professeur à la faculté des sciences de Poitiers, une série de fossiles jurassiques du détroit poitevin nommés par lui ;

De M. **Miquel,** auteur de nombreux travaux sur les terrains primitifs de l'Hérault, de curieux et rares spécimens du cambrien de ce département [1].

M. Bouvet s'est empressé, avec l'autorisation de la Commission, de procéder à l'achat d'un certain nombre d'ouvrages spéciaux de géologie, de paléontologie et de minéralogie nécessaires à la détermination des échantillons et au classement des collections. MM **Barrois, Davy, Lebesconte, Œhlert,** comprenant toute l'importance de cette bibliothèque scientifique, ont envoyé généreusement un grand nombre de leurs publications, particulièrement celles qui intéressent notre région.

Ces acquisitions étaient d'autant plus utiles que la bibliothèque municipale de la ville d'Angers ne possède que très peu d'ouvrages sur l'histoire naturelle ; tous sont de date très ancienne. Nous ferons d'ailleurs remarquer que les livres de cet établissement doivent être consultés sur place. Tous les naturalistes comprendront qu'il est impossible de faire des recherches sérieuses dans ces conditions. Sou-

---

[1] Voir, à la fin du travail, les dons reçus pendant l'impression.

vent, la détermination d'un échantillon ou simplement
sa classification dans la série des assises géologiques,
nécessite la consultation de plusieurs ouvrages
spéciaux ; il faut avoir sous la main le spécimen à
l'étude, souvent toute une série de fossiles. En
admettant même que les livres de la bibliothèque
municipale puissent être mis à la disposition du
directeur du Musée et emportés dans les galeries,
la nécessité d'une série particulière de livres d'histoire
naturelle, placée à portée des collections n'en serait
pas moins démontrée. Il serait inadmissible que des
ouvrages puissent être retirés de la bibliothèque
municipale pendant plusieurs mois. L'achat de ces
livres spéciaux demande à être confié à des naturalistes constamment au courant des publications nouvelles. Les dons de brochures tirées à un nombre très
restreint d'exemplaires seront faits au Musée ; en
raison des relations qu'entretiennent les membres de
la Commission ou le directeur avec les auteurs, souvent même un travail circonstancié accompagnera un
envoi des fossiles décrits. La ville, comme nous
venons de le démontrer, a donc tout intérêt à conser-
ver cette institution nouvelle qui ne coûte rien à son
budget et augmente la valeur de ses collections
scientifiques. Tous les musées ont leur bibliothèque ;
celui d'Angers ne saurait rester en retard sous ce
rapport et nous félicitons grandement le directeur
actuel d'avoir pris l'initiative de cette création [1].

---

[1] Au Muséum de Nantes « à l'autre extrémité de la grande
salle, on entre dans la salle *Bertrand Geslin*, ainsi nommée en
reconnaissance d'un legs qui a été fait au Musée par un géologue

Il serait facile d'élaborer un règlement permettant de prêter les livres de cette bibliothèque. Ces prêts devraient être entourés de toutes les garanties nécessaires et consentis seulement en faveur de personnes s'occupant d'histoire naturelle. Le directeur pourrait toujours réserver les volumes dont les membres de la Commission auraient un besoin immédiat et limiter la durée du prêt.

de mérite, le baron Bertrand Geslin ; ce qui fait surtout l'importance du don, c'est la bibliothèque si riche surtout en cartes géologiques, augmentée depuis des bibliothèques Caillaud et Dufour et que M. L. Bureau ne perd aucune occasion de compléter. » (Extrait de la *Feuille des jeunes Naturalistes*, 1885, n° 180).

Le Musée d'archéologie Saint-Jean, à Angers, possède aussi lui une bibliothèque composée de livres spéciaux.

CHAPITRE II

Réformes — Compléments

Les différents travaux que nous venons d'énumérer ont permis d'étaler aux yeux du public les richesses du Musée ; mais la tâche de la commission d'organisation n'est pas terminée. Il reste encore à accomplir toute une série de réformes tendant à développer le but pratique et utilitaire de cette institution.

Le Musée doit cesser de paraître un simple assemblage de fossiles, une sorte de nécropole des êtres disparus, et devenir un puissant foyer d'instruction, en nous donnant le sentiment de l'évolution des formes animales ou végétales.

Les Anglais, avec leur sens pratique, ne considèrent les Musées que comme un corollaire de l'école, comme le lieu où toute l'éducation doit se parfaire ; c'est un centre de vie, un nouvel asile offert au travail. Ce côté de la question a été trop longtemps négligé en France ; il est temps de réagir. C'est pénétré de ces idées nouvelles que nous allons exposer le programme des améliorations nécessaires.

Les vitrines sont encombrées d'espèces douteuses ou mal conservées et d'un nombre trop considérable de doubles. Il serait bon de renfermer ces échantillons dans des tiroirs [1] et de mettre seulement en évidence les spécimens les mieux conservés et les plus caractéristiques. Ce travail devrait être fait progressivement, chaque terrain étant revisé par un *spécialiste* qui seul aura qualité pour déterminer sûrement et rapidement les fossiles de l'étage, objet particulier de ses études; tel géologue classera le silurien, tel autre le dévonien.

M. Bouvet a proposé avec raison d'établir dans notre Musée une vitrine renfermant, classés par étages et dans l'ordre de leur superposition naturelle, des échantillons des divers terrains, roches, etc., qui constituent les assises géologiques du département. En regard de chaque terrain seraient exposés les principaux minéraux qu'il renferme, ainsi que les fossiles qui le caractérisent. Il serait intéressant et instructif tout à la fois de pouvoir embrasser d'un coup d'œil le tableau de la constitution géologique du sol que nous foulons aux pieds.

Nous aimerions voir une série de cadres, montés autour d'un pivot central, pouvant s'ouvrir comme les feuillets d'un livre et renfermant :

1° Une collection de coupes géologiques du département, détachées ou copiées dans les divers ouvrages relatifs à la géologie de la région. (Voir annexe, pièce n° 10);

---

[1] Au Musée de Nantes, les collections de fonds, non exposées au public, sont renfermées dans des meubles placés sous les vitrines et qu'une ingénieuse combinaison de deux serrures permet d'ouvrir, tout en limitant le nombre des tiroirs ainsi mis à la disposition des personnes qui désirent en examiner le contenu. — Docteur Dagincourt, *Annuaire géologique universel*. t. II, p. 197. Paris, au comptoir géologique, 1886.

2° Une suite de vues photographiques, représentant les carrières, les mines de l'Anjou ; on pourrait y joindre des gravures ou des reproductions de vieilles gravures donnant des vues des anciennes extractions[1]. La commission a déjà acquis de très belles photographies des ardoisières de Trélazé.

3° Des gravures, aquarelles, dessins ou photographies, donnant l'aspect des différentes régions du département, afin de bien faire ressortir l'influence des phénomènes géologiques sur l'ensemble du paysage.

L'étude des formes actuelles ne devrait jamais être séparée de celle du passé qui les a engendrées, le modelé de nos terrains n'étant que le résultat de la genèse même de l'écorce terrestre.

On ferait figurer dans cette collection : la pittoresque falaise de schistes siluriens violets, vert clair et bleuâtres, qui domine le cours de la Maine à la Piverdière, les bords si accidentés de l'étang Saint-Nicolas, enclavé dans une faille de nos terrains primaires. Les coteaux de la Loire, aux environs de Blaison et Saint-Saturnin, nous montreraient que la plate-forme gréseuse tertiaire[2] ne dessine pas d'affleu-

---

[1] Nous signalerons, dans le *Bulletin historique et monumental de l'Anjou*, une vue d'Angers en 1561, sur laquelle figurent les carrières d'ardoises du tertre Saint-Laurent :

Les carrières des Petits-Carreaux. *Bull. hist. et mon. de l'Anjou;*

Les ardoisières des Grands-Carreaux, dessinées par M. le vicomte d'Archiac (*Explication de la carte géologique de France*, par Dufrenoy et Elie de Beaumont, t. II, p. 236. Paris, imp. Royale, 1841).

[2] Sénonienne, d'après les derniers travaux de M. Welsch. (*Comp. rend. Acad. des Sciences*, 2 novembre 1897.)

rement visible et continu, mais ne se révèle que par une grande quantité de blocs épars, qu'elle a abandonnés sur les pentes crétacées à mesure que se modelaient les versants. Les escarpements du terrain turonien, coupés à pic dans le tuffeau de Saint-Cyr-en-Bourg, nous présenteraient l'aspect des habitations creusées dans leurs flancs. Une suite de panoramas nous donnerait l'ensemble de la vallée de la Loire, de la Maine, etc.

L'arrondissement de Cholet serait l'objet d'une série de vues concernant la désagrégation des granits par la gelée ou les eaux pluviales. En s'introduisant dans les joints de la roche et en s'y congelant, l'eau agit comme un coin et débite les blocs les plus durs, qui forment des amas d'aspect ruiniforme, des chaos de rochers en équilibre, parfois si instables, que l'homme peut sans grand effort les mettre en mouvement. Une photographie de la *Pierre Tournisse*, de Torfou, donnerait une idée de ce phénomène. Quelques archéologues, égarés par leur imagination, ont souvent pris ces débris granitiques pour des monuments mégalithiques.

Cet ensemble de vues, étendu à toute la France et aux régions les plus caractéristiques de l'étranger, constituerait une série de géographie physique, science pleine d'avenir, que l'Américain Lawson a désignée sous le nom de *géomorphogénie* et que M. de Lapparent a si bien décrite dans un ouvrage récent [1].

---

[1] La géographie physique doit être, par raison d'étymologie, la description du globe terrestre, exclusivement basée sur les

4° Quelques cartes, représentant les phases principales de l'évolution des continents et des mers, formeraient une section de paléogéographie.

Un dernier tableau comprendrait des reproductions des fossiles les plus remarquables des grands musées de la capitale ou de l'étranger, principalement des reconstitutions des grands animaux disparus, des vues idéales des différents aspects de la terre aux grandes époques géologiques, etc.

Il serait d'un grand intérêt d'avoir une collection de fossiles disposés pour faire comprendre la théorie de l'évolution ; ces collections existent dans la plupart des musées étrangers et particulièrement en Allemagne.

Afin de faire bien ressortir la constitution interne des fossiles, nous proposerons de former une série d'échantillons sciés et polis.

Nous sommes convaincu que ces innovations peu coûteuses, faites progressivement, au fur et à mesure des ressources du budget du Musée, seraient d'un grand intérêt pour le public.

M. **Houdbine**, Georges, clerc de notaire aux Ponts-de-Cé, a déjà donné pour ces collections trois vues de la banquise de la Loire aux Ponts-de-Cé en

caractères *naturels* que présente la surface de notre planète. Tandis que l'ancienne géographie accordait une place prépondérante à tout ce qui est du fait de l'homme, non seulement la nouvelle doctrine écarte cet ordre de considérations, mais elle prétend subordonner l'action humaine à l'influence de la nature, en cherchant dans les particularités du milieu l'une des principales causes d'où résultent les différences qu'on observe entre les divers groupes de populations.

A. de Lapparent. *Leçons de géographie physique*, 1 vol. in-8°, Paris, Masson, 1896.

1893 ; ce sont des photographies faites par le donateur.

M. le docteur **Maisonneuve** a offert une curieuse
photographie représentant les détails de structure
d'une patelle tertiaire de nos faluns.

Il est juste de rappeler ici les services rendus au
Musée d'histoire naturelle par la *Société d'Études
scientifiques d'Angers*. L'avis inséré dans le bulletin
de l'année 1896 en fait suffisamment comprendre
toute l'importance ; nous le reproduisons ici :

« La Société, prenant les intérêts scientifiques de la
« ville d'Angers et du département, désirant voir
« s'accroître nos collections locales et régionales, fait
« appel à tous ses membres et même à toutes les
« personnes de bonne volonté qui consentiraient à se
« dessaisir en faveur de nos Musées, d'objets scienti-
« fiques intéressants, et les prie de vouloir bien les
« lui faire parvenir. La Société, d'accord avec les
« directeurs et Commissions des Musées, se chargera
« de faire transporter les objets à destination, avec
« inscription du nom du donateur et indication des
« renseignements par lui fournis. »

En imprimant dans son bulletin notre notice, la
Société d'Études scientifiques continue la série des
publications qu'elle a déjà fait paraître sur le Musée
d'histoire naturelle ou sur les objets qui y sont
exposés. Elle aidera de tout son pouvoir la Commission à publier les catalogues des collections et à les
tenir à jour. Elle a contribué par le dévouement de ses
membres à la création du Musée de paléontologie de
notre ville, imitant en cela la *Société nationale d'agri-*

culture, sciences et arts d'Angers, à l'intervention de laquelle nous devons la fondation du Musée d'archéologie Saint-Jean. Son rôle est analogue à celui de la *Société des Sciences naturelles de l'Ouest de la France*, qui a su porter si haut le renom du Muséum de Nantes.

La partie préhistorique est à peine constituée ; les grandes époques de l'humanité primitive devraient être représentées par les types les plus caractéristiques des instruments de nos ancêtres jusqu'à l'époque néolithique.

Un tableau, comprenant une série de vues des différentes grottes et cavernes de France, des reproductions d'armes ou d'outils en pierre éclatée, en silex taillé, etc., des reconstitutions idéales de la vie aux époques de l'homme quaternaire, rendrait plus intéressante cette partie du Musée.

Les blocs trop volumineux pour entrer dans les vitrines, les grands moulages, les cartes géologiques devront être groupés avec goût, de façon à donner à la galerie un aspect d'ordre, de vie, de pittoresque, qui puisse plaire aux yeux des visiteurs et les engager à étudier une science qui leur paraitra attrayante et qui répond autant que toute autre à notre curiosité et à notre besoin d'apprendre. La géologie n'est pas seulement utile à quelques savants, elle est nécessaire à tous ceux qui réfléchissent sur les grands problèmes de l'humanité, et la paléontologie est sa base la plus solide. Malheureusement les sciences géologiques sont peu connues et on n'apprécie pas assez en France leur utilité réelle ; nous serions heureux de pouvoir la faire ressortir par la création d'une section industrielle et agricole.

Dans la première nous grouperions : les produits des carrières et mines du département, tuffeau, granit, marbre, ardoise, etc., les matériaux propres à l'empierrement des routes. **La Compagnie des ardoisières** a envoyé en 1896 deux blocs d'ardoises de Trélazé représentant des détails de fabrication. M. **Lefret** (Jules **Hurel**), propriétaire des fours à chaux de la Meignanne, a donné, sur notre demande, un bloc du calcaire employé dans ses fours et deux beaux échantillons de spath de la carrière située près le bourg. Nous faisons un pressant appel à Messieurs les ingénieurs, maitres de carrières ou entrepreneurs, pour la formation de cette section.

Dans la seconde, on réunirait les spécimens des principaux terrains de l'Anjou. Personne n'ignore l'importance de la composition du sol sur la vie végétale [1]; il est généralement de la même composition que le sous-sol, l'un provenant de l'autre. Aussi le cultivateur pourrait trouver de très utiles indications dans une galerie de géologie appliquée à l'agriculture.

Pour offrir aux géologues un moyen de communi-

---

[1] Les végétaux et les animaux dépendent directement du climat et de la constitution géologique du sol, indirectement du relief qui forme l'une des conditions déterminantes de tout climat. A leur tour, les minéraux ne se trouvent pas partout indifféremment ; leur distribution est en relation étroite avec la constitution géologique du sol.

Le Galloudec, *La terre, champ de l'activité humaine* (*Rev. scient.*, 4ᵉ sér., t. VIII, 28 août 1897).

quer au public le résultat de leurs travaux, peut-être serait-il bon de consacrer une vitrine à une exposition publique et temporaire des nouveautés géologiques ou paléontologiques, acquises par les collectionneurs de la région ?

Elle comprendrait non seulement des fossiles et des échantillons de minéralogie, mais des photographies et des dessins représentant soit des échantillons, soit des vues de localités géologiques ; des volumes et des brochures récents sur tous les chapitres des sciences géologiques, pures ou appliquées ; des appareils, des instruments de géologie, des cartes, des coupes de terrains, etc.

Tous ces objets seraient exactement rendus aux exposants à la clôture de l'exposition, à moins qu'ils n'aient formellement exprimé le désir de les abandonner au Musée.

L'accueil obtenu auprès des géologues et des curieux par de semblables exhibitions au Muséum d'histoire naturelle de Paris parait indiquer l'opportunité de prendre en province l'initiative d'une œuvre de propagande analogue.

La collection minéralogique de Desvaux, si mal éclairée dans les galeries du Logis Barrault, confondue au milieu des collections zoologiques, devrait former le complément naturel du Musée de paléontologie et prendre place dans la même salle ou dans une pièce voisine. Il est absolument nécessaire de la mettre à la hauteur des récentes classifications et de soumettre les échantillons à une révision très sérieuse[1]. La collection départementale est absolument insuffisante et très incomplète ; le défaut d'emplacement ne permet pas, pour l'instant, d'entreprendre une installation nouvelle.

Il serait très intéressant, pour l'étude géologique de l'emplacement de la ville d'Angers, de renfermer dans un meuble spécial des échantillons minéralogiques pris dans les fouilles faites pour la construction des maisons de la ville, en indiquant le point précis de la trouvaille et la profondeur exacte. Nous avons déjà remis au Musée des silex du quaternaire trouvés dans des sables rouges, rue Lenepveu[2], et des quartz siluriens ramassés dans les fondations du Grand-Séminaire, rue de Buffon, en 1897.

Si nous déplorons aujourd'hui la perte d'une partie des collections anciennes et le défaut d'indications précises sur l'origine de certains échantillons, il faut reconnaître que ces résultats déplorables tiennent en grande partie à l'absence d'un inventaire méthodique des objets placés dans le cabinet d'histoire naturelle.

---

[1] En 1896, lors de son inspection, M. Lacroix, le savant professeur du Muséum d'histoire naturelle de Paris, emporta, pour l'analyser, l'échantillon étiqueté *Scheelite* de Cholet ; un petit fragment détaché s'est dissous complètement dans l'acide azotique sans laisser, comme la *Scheelite*, un résidu jaune d'acide tungstide : la solution donna la réaction du plomb. M. Lacroix pense que ce minéral est probablement de la *Cerusite*. (Lettre de M. Lacroix, Arch. du Musée.)

[2] Desmazières, *Essai sur le préhistorique dans le département de Maine-et-Loire* (*Bul. Soc. Ét. Sc. d'Angers*, xxve année ; voir p. 201).

Ce document est absolument nécessaire ; sans lui, toutes les soustractions sont possibles. L'administration municipale l'a réclamé plusieurs fois ; mais, pour l'établir, il faudrait une organisation générale autre que celle qui existe actuellement.

Le Directeur, chargé des services du Jardin botanique et des musées d'histoire naturelle, devrait pouvoir consacrer tout son temps à cette double direction en dehors de toute autre occupation professionnelle.

Le cadre de notre étude ne nous permet pas de nous arrêter plus longuement sur cette question de réorganisation générale, si capitale pour l'avenir des établissements scientifiques de la ville d'Angers. Notre seul désir, dans cette remarque brève et forcément écourtée, est de la signaler à l'administration municipale.

Dans cette étude sur la galerie de paléontologie, nous avons fait suffisamment ressortir son utilité pratique et son caractère de vulgarisation scientifique pour justifier les dépenses faites ou à faire en vue de son organisation définitive ; il suffit d'ailleurs de parcourir les galeries le dimanche pour se convaincre que la grande majorité des visiteurs se compose d'humbles ouvriers et de cultivateurs heureux de pouvoir occuper leurs loisirs en s'instruisant. En Angleterre, pays essentiellement pratique, il n'est pas rare de voir de simples ouvriers possesseurs de collections géologiques souvent intéressantes ; ils suivent assidûment les cours publics faits sur cette matière[1]. En Belgique, en Allemagne, un grand nombre d'amateurs étudient la paléontologie. Mais cette science ne s'apprend pas seulement dans les livres ; les fossiles sont généralement inconnus du public et une simple visite dans les salles du Musée de paléontologie sera souvent plus instructive que la lecture d'un gros volume.

Les visiteurs apprendront vite à connaître une foule d'êtres qui sont aujourd'hui disparus ; la succession des vitrines leur mettra en évidence la distribution des types caractéristiques dans les couches géologiques ; ils parcourront les galeries avec intérêt, en voyant se développer devant eux toute l'histoire de la création, depuis les animaux imparfaits du cambrien jusqu'à l'homme quaternaire ; d'eux-mêmes ils feront des comparaisons entre les fossiles et les êtres vivants. Plus tard, les entrepreneurs de carrières, les ouvriers, les cultivateurs sauront reconnaitre dans le sol les fossiles précieux et viendront tout naturellement les donner ou les vendre au Musée. L'ignorance du public a fait perdre de nombreux documents à la science[2].

[1] A l'École supérieure de la rue Courte, il existait autrefois un cours d'histoire naturelle ; nous nous rappelons que M. le docteur Farge y avait professé pendant deux ans la géologie au milieu de nombreux auditeurs. Cette science a malheureusement cessé d'être comprise dans les programmes de l'École. Nous sommes persuadé qu'un professeur de talent réunirait autour de lui un public tout disposé à écouter l'histoire des révolutions de notre globe ; les projections, si à la mode aujourd'hui, ajouteraient un nouvel attrait à son cours.

[2] Pendant les travaux de terrassement du chemin de fer d'Angers à La Flèche, les ouvriers découvrirent dans la traversée de

Le département de Maine-et-Loire, plus que tout autre, est favorable aux études géologiques ; il a le privilège d'occuper une région où les grandes assises du globe se présentent presque sans lacune ; le trias seul fait défaut. Cette accumulation de pièces locales devra donner aux visiteurs le goût des recherches paléontologiques, car chaque jour ils foulent du pied le sol qui renferme des fossiles ; nos ardoisières, nos coteaux crétacés, nos faluns en sont remplis.

En sortant du Musée paléontologique, nous espérons que la partie intelligente du public éprouvera un sentiment d'attraction pour ceux qui trouvent moyen de se créer des distractions intellectuelles, alors que tant d'autres ne savent que perdre leur temps, et qu'il ne laissera plus succomber les collectionneurs sous le poids de l'indifférence, de l'isolement et même du ridicule.

Nous serions heureux si les professeurs du Lycée et des autres établissements de la ville d'Angers, les instituteurs, nous aidaient dans notre œuvre de propagande en faisant parcourir quelquefois les galeries du Musée à leurs élèves. Il serait à désirer que les leçons de géologie eussent un caractère essentiellement local ; elles seraient faites en face de nos vitrines d'une façon plus intéressante et plus utile ; les enfants reviendraient visiter le Musée avec leurs

la commune de Corzé (M.-et-L.) un important gisement d'ambre ; ignorant absolument la valeur scientifique de cette trouvaille, ils ne songèrent pas à vendre des échantillons aux collectionneurs et brûlèrent tous les blocs. (Renseignement communiqué par M. Bouvet, directeur du Musée).

parents ; ils se feraient un plaisir de leur répéter les explications du professeur.

C'est aux époques troublées de la Révolution que Merlet Laboulaye et Lareveillière-Lepeaux s'occupaient de l'organisation du Musée d'histoire naturelle. Laissant de côté les ardentes préoccupations politiques qui semblaient dominer toutes les autres, nos généreux concitoyens dotaient notre ville d'un établissement d'instruction qui n'a fait que prospérer depuis. L'administration municipale actuelle tiendra à continuer l'œuvre de ses devancières ; la tâche lui est maintenant facile : les questions d'instruction publique étant comprises dans tous les programmes, il dépend d'elle de développer les richesses scientifiques de la ville et d'éveiller chez nos concitoyens le goût des études et des distractions intelligentes[1]. La vie d'une cité n'est pas constituée uniquement par l'industrie et le commerce ; il appartient à nos édiles de disposer d'une part de leur sollicitude pour les choses de la pensée et les manifestations intellectuelles.

Nous ne pouvons mieux clore cette notice, déjà trop longue, qu'en soumettant à nos conseillers municipaux les paroles éloquentes que prononçait, devant un

---

[1] La ville de Nantes nous a bien devancés sous ce rapport, en créant un Musée d'histoire naturelle qui est actuellement un des plus riches de la province. Cet établissement, grâce aux sacrifices pécuniaires de la municipalité, prend une importance de plus en plus grande et reçoit les dons précieux des naturalistes, heureux de placer leurs collections dans un local digne d'elles et tranquillisés sur l'avenir des richesses aux soins desquelles ils ont souvent donné toute leur vie.

auditoire d'élite, le savant M. Gosselet, en terminant
sa leçon d'ouverture du cours de géologie appliquée,
à la Faculté de Lille, le 25 novembre 1893 :

« J'espère qu'un jour ceux qui président aux desti-
« nées de l'instruction publique comprendront que
« la géologie n'est pas comme ils ont pu le croire,
« peut-être avec quelque apparence de raison, une
« nomenclature de fossiles et d'étages, une succes-
« sion fastidieuse de coupes prises un peu partout,
« mais au contraire une science utile, intéressante,
« développant l'esprit d'observation et ouvrant des
« idées générales et philosophiques dignes de toute
« notre attention. »

La galerie de paléontologie étant avant tout un
établissement destiné à vulgariser les sciences géologiques, la Commission du Musée d'histoire naturelle,
désirant favoriser l'œuvre si utile des Musées sco-
laires, a décidé de leur attribuer les doubles de la
collection qui, tout en n'ayant pas une grande valeur
scientifique précise, pourraient figurer dans des séries
destinées à l'instruction élémentaire.

Déjà un certain nombre d'instituteurs ont reçu de
petites collections comprenant des fossiles choisis
dans les divers étages géologiques. Nous sommes
convaincu que cette initiative généreuse attirera
l'attention de l'administration supérieure sur l'institution au service de laquelle M. Préaubert et moi
nous avons mis tout notre dévouement, nos relations
scientifiques, consacré nos heures de liberté.

BIBLIOGRAPHIE

Nous donnons ici la liste des principaux ouvrages que nous avons consultés :

1. **Almanachs et Annuaires** du département de Maine-et-Loire, à partir de l'an III de la République jusqu'en 1848.

2. **Béraud.** — Le cabinet d'histoire naturelle d'Angers, son origine et ses progrès. — Mém. Soc. Agr., Sc., A. d'Angers, 2ᵉ s., t. I, p. 169 à 186, 1850.

3. Établissements scientifiques et artistiques d'Angers. — Mém. Soc. Agr., Sc. et Arts d'Angers, 2ᵉ sér., t. VII, 1856 (Musée d'histoire naturelle, pp. 182 à 199).

4. Sur les études minéralogiques à Angers et sur un bloc de quartz aciculaire radié déposé au Musée d'histoire naturelle de cette ville. — Mém. Soc. Acad. de M.-et-L., t. IV, p. 89, 1858.

5. **Bouvet,** Georges. — Le Musée d'histoire naturelle et le Jardin botanique d'Angers. — Bul. Soc. Ét. sc. d'Angers, t. XV, 1886, pp. 145-184.

6. **Desmazières.** — Notice sur la collection paléontologique et sur les manuscrits de M. Poitevin donnés au Musée d'histoire naturelle de la ville d'Angers par Mᵐᵉ veuve Poitevin.

Extrait Bull. Soc. Ét. sc. d'Angers, XXIVᵉ année, n. sér., p. 159, 1894.

7. **Port.** — Dictionnaire historique, géographique et biographique de Maine-et-Loire. Paris, Dumoulin ; Angers, Lachèse et Dolbeau, 1874 à 1878, 3 vol. — Voir pp. 87 à 88, t. I.

8. **Merlet de La Boulay.** — Questions proposées par le comité des domaines et de l'instruction publique, répondues par le citoyen Merlet de La Boulaye, conservateur des dépôts destinés à former un musée angevin. — Angers, in-4°, de l'Imprimerie nationale, chez Jahyer et Geslin, an III, pp. 27-28. (Imprimé par ordre du district.)

9. **Tavernier.** — Le Musée d'Angers : notes pour servir à l'histoire de cet établissement. (Extrait du *Journal de Maine-et-Loire*, n°ˢ 11, 14, 15 novembre 1854.)

Angers, in-8°, Cosnier et Lachèse, 1855.

10. **Catalogue de la collection de minéralogie** rapportée du Chili, de la Bolivie et du Pérou, par M. Victor Marchand.

Angers, in-8°, Lachèse et Dolbeau, 1881.

MANUSCRITS

11. **Desvaux.** — Catalogue de la minéralogie (classée d'après la méthode de l'auteur), 1838.

12. **Boreau.** — Catalogue méthodique des collections minéralogiques du Musée d'histoire naturelle de la ville d'Angers, classées d'après l'ordre adopté par Beudant dans son traité de minéralogie (2 vol., 1832).

13. **Procès-verbaux** des séances de la commission du Musée d'histoire naturelle, de 1882 à 1897.

14. **Registre d'entrée** du Musée d'histoire naturelle de 1838 à 1885.

Tous ces manuscrits sont déposés dans les archives du Musée d'histoire naturelle au Logis Barrault et au Musée paléontologique.

15. **Desvaux.** — Catalogue de la minéralogie, dressé en 1822.

— Catalogue des réactifs et produits chimiques, dressé en 1838.

16. État des objets acquis du cabinet de M. le chevalier de Saint-Amour. — Le 21 novembre 1824.

17. **Bastard et Grille.** — Récolement du catalogue, formant l'inventaire de la collection d'histoire naturelle de l'École centrale de Maine-et-Loire, sur une copie remise par M. Benaben le 2 janvier 1816. (Le catalogue primitif a été dressé le 2ᵉ jour complémentaire de l'an XIII, le récolement, le 29 juillet 1816.)

18. **Renou.** — Catalogue des objets envoyés par M. Geoffroy Saint-Hilaire et déposés au Musée d'Angers (21 octobre 1816).

19. **Brongniart,** Al. — Choix de minéraux indiqués par M. Desvaux pour le cabinet d'histoire naturelle d'Angers. Muséum d'histoire naturelle de Paris, 18 novembre 1823.

20. **Orbigny (d'),** Charles. — Collection des terrains de Paris, envoyée par le Muséum d'histoire naturelle de Paris en 1836.

Tous ces documents sont classés dans les archives municipales de la ville d'Angers.

Nous avons consulté avec le plus grand intérêt les éloquents plaidoyers de M. Gosselet sur l'importance de la géologie [1].

[1] De l'importance de la géologie dans l'instruction générale. — *Ann. Soc. Géol. du Nord*, t. XXI, 1893, Lille (p. 349-370).

Leçon d'ouverture du cours de géologie appliquée, professé à la faculté des sciences de Lille le 17 janvier 1895. — *Ann. Soc. Géol. du Nord*, t. XXIII, 1895. Lille (pp. 7-22).

ANNEXES

———

Pièces justificatives. — Liste des coupes géologiques du département de Maine-et-Loire. — Note sur les anciennes forges du Plessis-Macé, etc.

1. Rapport sur le cabinet d'histoire naturelle en 1807, par M. Guilloteau. — Extrait.

Minéralogie. — Les deux premières armoires en entrant contiennent toutes les productions du département, tant en terres, pierres, marbres, que pétrifications. La première, dans l'intérieur du cabinet, contient toutes sortes de terres et pierres vitrifiables, la deuxième les pierres calcaires, la troisième les minéraux, la quatrième les coquillages, la cinquième les pétrifications dont il y en a beaucoup d'acquises à Naples par l'empereur Napoléon. Le haut de toutes ces armoires est rempli de plantes et pétrifications.

(Arch. mun. de la ville d'Angers.)

2. *Angers, 20 mars 1822.*

Monsieur le Maire,

.... J'ai fait le récolement des objets dépendant du cabinet.... J'ai trouvé que M. Guilloteau avait mis dans la garde de ces objets une impéritie telle que vous étiez en droit de l'attendre, et il y a quelques objets qui ne sont pas trouvés ; cela est indépendant de lui, car je présume que quelques échantillons de minéralogie ont dû être soustraits par toute autre main que la sienne, ou bien les objets qui en tiennent lieu ne s'y trouvent que par faute de connaissance de la nomenclature....

Cet état de chose me convainc de la nécessité de refaire un catalogue général du cabinet, et c'est à ce catalogue que je travaille et dicte à M. Dupont.

Signé : DESVAUX.

(Arch. mun. de la V. d'Angers.)

3. Le 3 juin 1822, à 8 heures du soir, il tomba une pierre météorique à Angers, faubourg Gauvin[1], dans le jardin d'un nommé Blouin, cabaretier.

Une domestique, étant à arroser dans ce jardin, entendit comme un bruit de fusillade ; un corps assez volumineux tomba à cinq pas d'elle et la couvrit de particules de terres jetées par le corps au moment qu'il touchait le sol. Cette domestique, effrayée et tremblante, rentra dans la maison, dont le maître, informé de ce qui venait d'avoir lieu, à vingt pas de la pièce qu'il occupait, alla sur l'endroit et ramassa un corps noir, lourd, à surface inégale, à angles arrondis, et pesant 1 kilogr.

Cette pierre, recueillie presque à l'instant de la chute, ne donna point une sensation de chaleur particulière ; le thermomètre de Réaumur était d'ailleurs à 20 ou 22 degrés.

[1] Dans la Doutre, actuellement rue Gauvin.

La forme irrégulière de cet aérolithe prouverait qu'il faisait partie d'une masse plus grosse, si l'on avait la presque certitude qu'il en est tombé plusieurs autres fragments, d'après ce que l'on rapporte. Comme il arriva obliquement, des personnes attestant l'avoir vu passer dans la direction de l'Est à l'Ouest, le météore paraissait avoir été perpendiculaire à Saint-Jean-des-Mauvrets, à une lieue et demie d'Angers, sur la rive gauche de la Loire; cette direction est très naturelle.

Desvaux,

Conservateur des Musées d'Angers.

(Extrait de l'article *Sur une pierre météorique tombée à Angers, le 3 juin 1822. — Journal de Maine-et-Loire*, n° 84, 17 juin 1822.)

4. Ainsi que nous l'avions présumé, le météore du 3 juin dernier avait lancé plusieurs fragments. — Dans une closerie bordant la route des Ponts-de-Cé, à 200 toises d'Angers, devant la maison du *Chaumerot*, il en est tombé un morceau du poids de 2 onces 6 gros, à 8 pieds d'un jeune homme de la campagne, que cette chute effraya tellement qu'il rentra chez lui de suite.

Mais, le lendemain matin, ayant cherché dans l'endroit où il avait vu tomber quelque chose, il recueillit un météorolithe ou, si l'on aime mieux, un aérolithe absolument semblable pour l'extérieur et l'intérieur à celui dont nous avons parlé et lequel, par les soins de M. le Maire, sera déposé au Musée d'histoire naturelle d'Angers.

Desvaux.

(Extrait de l'article *Sur un nouveau fragment d'aérolithe ou météorolithe trouvé près d'Angers. — Journal de Maine-et-Loire*, n° 87, 23 juin 1822.)

5. *Pro Justicia.*

Cejourd'hui neuf avril mil huit cent quarante, moi Hyacinthe Kirsch, commissaire de police de la ville de Liège, au quartier du Sud, procédant ensuite d'une délégation de M. le Juge d'instruction de l'arrondissement de Liège et du réquisitoire de M. le Procureur du Roi, l'un et l'autre en date de ce jour, et en présence de ce dernier magistrat,

Je déclare m'être transporté, vers une heure de relevée, au domicile du sieur René-Édouard Valleray, coiffeur, demeurant rue de l'Université, n° 7, en cette ville, où, étant et parlant à sa personne, nous lui avons fait connaître le but de notre visite en l'informant qu'une plainte de l'autorité de la ville d'Angers (France) le signalait comme détenteur d'une pierre météorique qui a dû être volée au Musée de ladite ville pendant l'exposition publique qui y eut lieu dans le courant du mois de juin dernier, et nous l'avons invité à nous la reproduire.

Le sieur Valleray a spontanément fait aveu de ladite détention et, consentant à me remettre la pierre météorique, ainsi qu'un procès-verbal qui l'accompagnait[1], il a été prendre ces deux objets hors d'un meuble et les a déposés en mes mains, pour être restitués à qui de droit. Interrogé ensuite sur la source de leur possession, le sieur Valleray m'a déclaré :

Que, pendant son séjour à Angers, au mois de

---

[1] Malgré toutes nos recherches aux archives du Musée et à celles de la Mairie, nous n'avons pu retrouver cet intéressant procès-verbal qui relatait les circonstances de la chute de la pierre météorique.

juillet de 1839, il est allé visiter l'exposition du Musée, qu'en sortant de cet établissement dans la rue, il fut accosté par un homme vêtu d'une blouse, de 19 à 20 ans environ, qui, l'ayant pris pour un étranger, lui demanda s'il était désireux d'acheter cette pierre précieuse et la pièce qui l'accompagnait, au prix de cinq francs ; sur la réponse affirmative du déclarant, cet homme inconnu lui remit les objets contre une pièce de cinq francs, et que ce fut à Liège seulement, où le déclarant fut de retour vers le milieu du mois de juillet (son passeport est visé à Angers le 11 juillet 1839) qu'il lut la pièce et soupçonna que la pierre météorique achetée par lui avait pu être volée.

Le déclarant ajoute que, postérieurement, il l'a montrée à plusieurs fonctionnaires de l'Université de Liège, à qui il communiqua ses soupçons, notamment à M. Arnoult, secrétaire administrateur, à M. le professeur Morren et à M. Chandelon, attaché au cabinet de minéralogie ; qu'il a prié le premier d'en écrire à l'autorité d'Angers pour s'éclairer et permettre au besoin la vente de ladite pierre météorique à l'Université de Liège, si elle n'était point réellement le produit d'un vol ; et que, dans le courant du mois de novembre dernier, le déclarant a signé une lettre destinée au maire d'Angers, écrite à cette même fin par M. Chandelon et que ce dernier s'est chargé personnellement de mettre à la poste.

Nous avons dressé de tout ce qui précède le présent procès-verbal que le sieur Valleray a signé avec moi

après lecture, pour être remis à M. le Procureur du
roi avec les objets y relatés.

(Cabinet du Procureur du roi. Liège.)

(Arch. mun. de la ville d'Angers.)

6. *Lettre de M. Béraud à M. Guépin* [1].

23 septembre 1846.

Monsieur,

Je conçois parfaitement que vous ayez pensé que
j'eusse dû m'adresser plutôt à vous qu'à Mme Boreau,
pour parler de ce que je vous imputais d'avoir dit de
moi, mais je m'y trouvais conduit en quelque sorte,
malgré moi, par le reproche indirect que me faisait
Mme Guépin d'être choisi pour intermédiaire par la
commission ; ce qui m'amena à dire que si je venais
proposer d'écrire en notre nom commun c'était bien
par pure obligeance et ce que personne, sans doute ,
n'eût fait à ma place après ce qui s'était passé de votre
part. C'est ainsi que je me trouvais à parler à
Mme Boreau.

Quant à ce que vous avez dit au Conseil municipal
d'Angers, voici telle que la chose m'était revenue.
Pour la demande du catalogue, vous l'auriez motivée,
disait-on, sur ce qu'il fallait s'assurer que ce que l'on
achetait parviendrait au cabinet au moyen d'un catalogue préalable, parce que tout savant était voleur.
Bien certainement, rien de cela ne m'avait offusqué
personnellement. Je n'ai pas l'amour-propre de penser

---

[1] Collections de lettres et de notes autographes sur la botanique, adressées à M. le docteur Guépin, d'Angers. — Manuscrit
n° 1128, bib. mun. d'Angers.

que personne veuille voir en moi un savant et, d'un autre côté, après ma pétition et la famille Bastard pressentie sur ses prétentions, je devais rester étranger à tout ce qui devait suivre.

J'étais d'ailleurs moi-même d'avis de cataloguer le cabinet de Bastard, seulement j'eusse voulu que cette opération suivit la vente, au lieu de la précéder, de peur que l'importance qu'on paraîtrait y mettre ne portât les héritiers à exagérer la valeur des collections, ce qui a eu lieu en effet.

Je ne pouvais donc, je le répète, voir en ceci rien de personnel; aussi, bien que je susse cela, n'hésitais-je pas à me présenter chez vous deux jours après, à la veille de votre départ pour la campagne.

Ce n'est que depuis qu'il me fut rapporté qu'après avoir ainsi parlé au Conseil vous auriez dit en particulier, et en vous rasseyant, à un membre qui siégeait près de vous (M. Guitel, si je ne me suis pas trompé) : *A propos de quoi, par exemple, M. Béraud se met-il avec tant d'ardeur à la tête de cette affaire ? Il aime les coquilles, il y en a de très belles dans la collection Bastard ; qui ne nous dit qu'il n'a pas quelque idée d'en faire son profit ?* [1] (ou quelque chose d'équivalent et d'aussi significatif).

Veuillez, Monsieur, vous mettre en ma place ; qu'auriez-vous éprouvé si on eût exprimé sur vous un doute semblable ? Surtout quand des coquilles sont des objets de *valeur vénale* et, non comme une plante, de simples objets d'affection.

---

[1] Les mots en italique sont soulignés dans le texte.

Pour moi, je fus à la lettre étourdi, atterré, de savoir qu'il se trouvait une personne qui me connût et qui pût me croire capable d'une telle bassesse. Car, voyez-vous, Monsieur, de tout ce qui constitue l'honnête homme, la probité est à mes yeux la chose la plus essentielle, et je n'admettrai jamais qu'elle puisse comporter aucune exception, aucune distinction pour aucune chose ni aucune situation . . . .

Je m'en trouve heureux maintenant, puisque je me suis trouvé ainsi à même d'apprendre qu'il n'y avait rien dans vos paroles, ni dans vos intentions, de blessant pour moi. L'assurance que vous voulez bien m'en donner me suffit pleinement, je l'accepte sans réserve. J'ai donc ainsi l'espoir que ce nuage qui avait menacé nos relations se trouve dissipé pour tous deux.

Béraud.

A la lettre de M. Béraud se trouve jointe, de la main de M. Guépin, la copie de la lettre qu'il envoya pour se justifier.

7.　　Monsieur,

Vous avez eu, il y a peu de jours, avec ma belle-sœur, une explication que je regrette ; c'est à moi que vous auriez dû la demander, je vous la donnerai très brièvement.

Lors de la discussion sur les collections de feu Bastard, je dis à M. Courtiller : qu'il fallait un inventaire minutieux, parce que tout naturaliste, comme le numismate, était pillard et voleur malgré lui, que les collections du Muséum de Paris en faisaient foi. Je ne me servis donc que de termes généraux et je n'eus pas l'indignité que vous m'avez prêtée de faire la moindre application.

En m'en revenant de Chalonnes avec M. Guitet, j'appuyai encore sur l'inventaire et j'ajoutai que des échanges mêmes, si la collection le permettait, ne devaient se faire qu'avec la permission de l'autorité ; qu'ainsi M. Béraud, Mme de Buzelet, MM. Boreau, Guitet et moi, principaux amateurs angevins, serions tenus de nous y conformer. Voilà, Monsieur, textuellement, ce que j'ai proféré; je l'affirme et je le signe.

Si vous désirez une explication plus détaillée et publique avec M. Guitet et devant plusieurs membres du Conseil municipal, je suis prêt à vous la donner.

GUÉPIN.

8. Conseil municipal de la ville d'Angers (séance du 22 juillet 1873).

M. le Maire fait au Conseil l'exposé suivant :

L'Administration a la satisfaction d'annoncer au Conseil que MM. de Léon, héritiers de M. Millet de la Turtaudière, récemment décédé, ont chargé M. l'abbé Vincelot d'offrir de leur part à la Ville, pour le Musée d'histoire naturelle, la collection de fossiles recueillie par M. Millet.

Ce don généreux, ne nécessitant aucun frais d'installation et de classement dans les vitrines restées vides et que cette collection servira à remplir,

L'Administration propose au Conseil municipal d'accepter ce don fait à la Ville, d'autoriser la pose d'une inscription au-dessus de la collection, indiquant qu'elle a été recueillie et classée par M. Millet et, enfin, de voter des remerciements à MM. de Léon, auxquels elle a fait parvenir, par l'intermédiaire de M. Vincelot, l'expression de la gratitude de l'Administration.

La proposition de M. le Maire, mise aux voix, est adoptée à l'unanimité.

(Registre des délibérations du Conseil mun. d'Angers, 1873.)

9.   *Inventaire de la collection Gallois*

ÉTAGES	PROVENANCES
Silurien.	Maine-et-Loire, Mayenne. Bohême, Norvège, Suède, Angleterre, Amérique.
Dévonien.	Maine-et-Loire, Mayenne, Hérault. Allemagne, Suède.
Carbonifère.	Maine-et-Loire, Loire. Allemagne.
Permien.	Saône-et-Loire.
Trias (Muschelkalk).	Meurthe-et-Moselle.
— (Étage Tyrolien).	Tyrol.
Lias.	Maine-et-Loire, Calvados, Ardèche, Gard, Indre, Vendée, Sarthe, Jura.
Oxfordien - Callovien Bajocien.	Maine-et-Loire, Basses-Alpes, Calvados.
Corallien.	Charente-Inférieure (La Rochelle).
Cénomanien.	Maine-et-Loire, Indre-et-Loire, Seine-Inférieure.
Turonien.	Maine-et-Loire, Indre-et-Loire.
Sénonien (Dordonien).	Maine-et-Loire, Indre-et-Loire, Les Charentes, Seine-et-Oise (Meudon). Belgique (Ciply).
Tertiaire.	Maine-et-Loire, Basses-Alpes, Alpes-Maritimes, Vaucluse.
Quaternaire (Préhistorique.	Maine-et-Loire, Seine-Inférieure. Bohême, Moravie.
Collection spéciale.	Oursins de divers terrains, la plupart dénommés par M. Cotteau.

10. *Coupes géologiques du département de Maine-et-Loire :*

Beauregard (de).

Coupe géologique du forage du puits artésien de Saumur.

Coupe géologique du forage du puits artésien de Beaufort.

Statistique du département de Maine-et-Loire, 1 vol. in-8°. Angers, Cosnier et Lachèse, 1850 (pp. 195-196).

Bureau, Louis.

Coupe géologique entre La Pommeraye, Montjean et Champtocé, Maine-et-Loire.

Excursion géologique de Chalonnes à Montjean. Bull. Soc. Ét sc. d'Angers, 19ᵉ année, p. 213, 1889.

Cacarrié.

Coupe par Beaupréau, Saint-Georges-sur-Loire, Châteauneuf.

Coupe par Angers et Baugé.

Coupe du terrain anthracifère.

Coupe du plateau de Montreuil-Bellay.

Description géologique du département de Maine-et-Loire. Angers, 1845, 1 vol. gr. in-8°, Cosnier et Lachèse.

Courtiller.

Coupe de l'étage sénonien du coteau de Saumur, versant du Thouet (1 pl. en couleurs).

Les terrains crétacés des environs de Saumur. Ann. Soc. Linn. de M.-et-L., t. X, p. 88, 1868.

Danton.

Gîtes de fer en amas dans le dévonien de l'Anjou. Coupe suivant l'épaisseur de l'amas (p. 320).

Croquis des travaux de Charmont (commune de la Ferrière), p. 324.

Coupe N.-S. de la couche de la Bosserie, p. 326.

Coupe du gîte de la Boitellerie (commune de la Chapelle-sur-Oudon), p. 336.

Coupe du gîte de Pince-Loup (commune de Bouillé-Ménard), p. 336.

Croquis de la nappe d'érosion du gîte de la Bosserie, p. 338.

Coupe chemin de Nyoiseau à l'Hôtellerie-de-Flée, p. 338.

Études techniques et économiques sur les minerais de fer. Extrait du Bull. de la Soc. de l'Industrie minérale, 3e sér., t. V, 1891, Saint-Étienne.

Coupe du canton de Vihiers : de Somloire au bord du Layon.

Sur le plan géologique du canton de Vihiers joint à la *Notice sur le canton de Vihiers.* Angers, Lemesle, 1870.

Davy (Louis).

Coupe théorique indiquant les plissements des couches paléozoïques entre la bande ardoisière d'Angers et celle de Renazé (fig. 2, pl. 22).

Coupes indiquant la position des couches par rapport à la limite nord des schistes, par la tranchée de Belair à la Forêt, par le puits du Bois, par le puits du Fouillé, par le travers banc de l'Écluse, par le puits du Vaududon.

Tranchée de Marigné, de Minière.

Coupe des travaux de Pince-Loup.

Coupe prise au nord de Champigné. Pl. 23.

Coupe des différents puits. Pl. 24.

Notice géologique sur l'arrondissement de Segre. Saint-Étienne, Théolier, 1880.

Coupe du terrain dévonien à l'est de Chaudefonds.

Le dévonien supérieur à Chaudefonds. Bull. Soc. Géol. de France, 3ᵉ sér., t. XIII, p. 3, séance du 3 novembre 1884.

Devaux.

Coupe géologique de la tranchée du chemin de fer ouverte en 1884 à Montreuil-Bellay.

Note sur la tranchée des chemins de fer de l'État à Montreuil-Bellay. Bull. Soc. Ét. sc. d'Angers, t. XIV, p. 413, 1884.

Fournier.

Coupe de la tranchée de Montreuil-Bellay.

Coupe de la tranchée de la Giraudière.

Études géologiques sur les lignes du chemin de fer du Poitou.

Mém. de la Société statistique, sciences et arts des Deux-Sèvres, 3ᵉ sér., t. VIII, 1891.

Hébert.

Coupe du gisement du Chalet.

Bull. Soc. Géol. de France, t. XII, p. 1264.

Hermite.

Coupe prise dans la carrière des fours à chaux de la Meignanne. *Sur la présence du silurien supérieur à la Meignanne.* Bull. Soc. Géol. de Fr., t. VI, 3ᵉ sér., p. 544, 1878.

Coupe de Juigné-Béné à la Maine.

Étude préliminaire du terrain silurien des environs d'Angers. Bull. Soc. Géol. de Fr., 3ᵉ sér., t. VI, p. 531, 1878.

· **Lebesconte.**

Coupe de Chazé-Henry, donnée par M. Flot dans sa note : *Description de Halitherium fossile Gervais.* Bull. Soc. Géol. de Fr., 3ᵉ sér., t. XIV, 1885-86.

Mille, Thoré et **Guillier.**

Profil géologique de Paris à Brest, comprenant, pour le département de Maine-et-Loire, la coupe du chemin de fer d'Orléans, de Varennes à Ingrandes, et les coupes particulières suivantes :

1° Coupe passant par les carrières de tuffeau de Saumoussay, Chacé, Varrains, les Roches ;

2° Coupe passant par le village de la Fontaine, les carrières des fours à chaux de Saint-Maur et le puits artésien de Beaufort ;

3° Coupe des exploitations ardoisières ;

4° Coupe transversale des mines de houille de la Prée par Chalonnes-sur-Laleu ;

5° Coupe transversale dirigée de Lué sur Saint-Géréon.

Enfin une magnifique coupe des mines de houille

de Chalonnes-sur-Loire, d'après les travaux des ingénieurs de la mine.

Paris, 1867. Bonaventure.

Préaubert.

Coupe de la tranchée du chemin de fer de l'Ouest
dans la colline de la Tour-Bouton.

Coupe de la tranchée du chemin d'Épinard, entre le
vallon de la Tartifume et le Tertre-au-Jau.

Coupe à travers la colline de Reculée.

Coupe à travers la butte de la ferme de l'Étang.

*Observations sur les anciennes mines de fer et le
terrain silurien des environs d'Angers.* Extrait Bull.
Soc. Ét. sc. d'Angers, t. VI et VII, pp. 126-133, 1876-77.

Rolland.

Coupe hypothétique et en perspective de la zone
anthracifère dans la vallée de la Loire et sur les
coteaux de la Haie-Longue, du moulin de Saint-Clé-
ment-de-la-Leu au château des Noulis. Pl. II.

Coupe oblique du terrain anthracifère suivant la
rive gauche du Louet. Pl. III.

Coupe des trois systèmes du terrain anthracifère
se montrant à la surface du chemin qui conduit du
hameau de la rue d'Ardenay au village d'Ardenay (commune de Chalonnes), près la Haie-Longue. Pl. IIIbis.

*Note sur le terrain anthracifère des bords de la
Loire aux environs de la Haie-Longue, entre Rochefort
et Chalonnes.* Ann. Soc. Linn. de M.-et-L., t. I, p. 40,
1853.

Rondeau (l'abbé).

Coupe géologique des environs d'Angers.

Description géologique des environs d'Angers, in-8°.
Lachèse et Cⁱᵉ, Angers.

Wolski.

Six coupes géologiques du terrain anthracifère.

Mémoire sur le gisement du terrain anthracifère dans le département de Maine-et-Loire. Congrès scientifique de France, t. II, 1843, Angers.

Triger et Guillier.

Profil géologique de la ligne du chemin de fer du Mans à Angers.

Paris, 1864.

11. *Note sur les anciennes forges du Plessis-Macé (Maine-et-Loire) :*

Les nombreuses scories de fer éparses dans les environs du bourg du Plessis-Macé nous firent supposer qu'il avait dû exister, non loin de là, une ancienne exploitation de fer. Voici le résultat de l'enquête que nous avons ouverte à ce sujet auprès de nombreux habitants de cette localité et de nos recherches géologiques dans la région.

Il y a neuf ans environ existait encore, au lieu dit le *Chatelier*[1], près le bourg, dans l'enclos de la ferme du même nom, une forte butte de scories de fer présentant, comme dimensions approximatives, 6ᵐ de hauteur et 30ᵐ de circonférence. Deux beaux châtaigniers de 0ᵐ80 de diamètre et un cerisier occupaient

---

[1] Chatelier de Castellare, dénomination en Anjou de localités très nombreuses, simples champs ou lieux dits (Port, *Dict.*)

le sommet de ce monticule recouvert de terre végétale. Vers 1888 cet amas de scories fut détruit et les débris employés à combler une partie de la mare creusée en face l'entrée de la cure et des excavations voisines. Un amoncellement de scories, de dimentions plus restreintes, occupait l'emplacement d'un petit jardin cultivé actuellement le long du mur d'enclos du parc du château du Plessis, en face la mare dont nous venons de parler.

Deux des ouvriers employés aux travaux de nivellement de ces buttes nous ont affirmé avoir détruit deux fours circulaires de 1^m de hauteur sur 1^m50 de diamètre supérieur, enfouis sous le plus gros amas de scories. Ces fourneaux rudimentaires servaient certainement à la fabrication du fer, mais d'où provenait le minerai ? très probablement des excavations comblées par les scories. Nos excursions géologiques nous ont permis de voir que le minerai de fer abonde dans les champs environnants. Il appartient à un filon de grès ferrugineux composé de petits fragments de quartz cimentés par l'hématite brune, souvent il affecte la forme géodique; c'est la veine déjà signalée à Avrillé par M. Préaubert[1]. Ce minerai est au contact du grès armoricain qu'il imprègne parfois. Les grès de cette assise présentent, dans la partie nord et nord-est du Plessis-Macé, de beaux échantillons de *cruziana*.

Le minerai était traité selon la méthode catalane et

---

[1] Préaubert, *Observations sur des anciennes mines de fer.* Angers, Germain et G. Grassin, 1879. Extrait *bull. soc. Et. Sc. d'Angers*, t. VI et VII (1876-1877)

converti dans une seule opération en une matière
soudable et malléable, par l'action du charbon de
bois qu'on pouvait alors fabriquer en grande quantité dans la forêt du Plessis-Macé. La lourdeur des
scories, la mauvaise qualité du minerai, trop siliceux,
tout indique une exploitation assez imparfaite.

A quelle époque devons-nous faire remonter l'origine des forges du Plessis-Macé? Deux documents
historiques cités par M. Port pourront nous rensei-
gner à cet égard [1], ce sont :

Quelques passages de Tallemant des Réaux, d'après
lesquels Charles du Bellay, connu par les scandales
de son union avec Hélène de Rieux, avait été réduit
à vendre sa forêt du Plessis-Macé aux entrepreneurs
d'une forge en 1640 [2];

Une opposition du corps municipal de la ville
d'Angers, datée du 28 février 1640 « sur ce qui a été
représenté que des habitants de cette ville qui ont
acheté le bois de la forêt du Plessis-Macé, appartenant à M. le marquis du Bellay, pour faire dans ladite
forêt une forge sans en donner avis à cette Compagnie [3] ».

Il paraît assez logique de supposer qu'il s'agit ici
de la forge dont nous venons de retrouver l'emplacement, et nous pouvons en fixer l'exploitation au
xviie siècle. La dimension des buttes, les arbres
plantés sur les scories nous portent à croire que cette

---

[1] Port, *Dict.* art. Plessis-Macé.

[2] Tallemant des Réaux. *Historiettes.*

[3] Arch. mun. de la V. d'Angers, BB. 77. f. 66.

industrie fut momentanée et ne devait déjà plus exister au xviiie siècle.

Plusieurs habitants nous ont rapporté avoir rencontré d'autres amas de scories ferrugineuses dans la forêt de Longuenée ; nous n'avons pu vérifier cette assertion.

(Communication de M. Desmazières, séance de la *Soc. Et. Sc* *d'Angers*, 2 décembre 1897.)

Dons reçus ou relevés pendant l'impression

M. **Surrault,** professeur à l'École normale d'Angers. — Deux fragments de résine fossile provenant
d'Andard (Maine-et-Loire).

M. **Gazeau,** horloger aux Ponts-de-Cé. — Trois
vues photographiques représentant des groupes de
rochers granitiques dans le cours de la Sèvre, aux
environs de Saint-Laurent-sur-Sèvre.

M. **Houdet,** élève à l'École normale d'Angers. —
Un spécimen de carbonate de chaux cristallisé trouvé
dans une fontaine incrustante, à Chénehutte-les-Tuf-
feaux (Maine-et-Loire).

M. **Préaubert,** professeur au Lycée d'Angers. —
Des photographies de silex du quaternaire des grottes
du Layon, d'après des originaux communiqués par
M. **Biaille,** pharmacien à Chemillé.

M. **Fallour,** agent-voyer d'arrondissement à Angers.
— Un cube poli de granit rose de Mortagne (Vendée).

M. **Peauvert-Guidouin.** — Des fossiles du crétacé de Fontaine-Guérin (Maine-et-Loire).

M. **Gaudin** (Louis). — Une belle dent de *Carcha-
rodon* des faluns de Soulanger (Maine-et-Loire).

M. **Bas,** archiviste détaché au Ministère des Colo-
nies. — De nombreux échantillons du tertiaire pari-
sien dont la plupart proviennent de la carrière de
Vaugirard, exploitée pour les argiles de la base du

tertiaire. Cette carrière, qui a fourni aux collectionneurs et aux musées tant d'échantillons de roches et fossiles, devant disparaître sous peu, M. Bas a pensé qu'il serait intéressant de la faire représenter au Musée d'Angers.

L'envoi renferme : un très curieux échantillon de calcaire grossier à *milliolites*, un beau fragment de roche fossilifère du Lutétien de *Vaudancourt*, un spécimen du calcaire d'eau douce (Travertin de la Beauce) de Cormeille-en-Parisis.

Tous ces échantillons recueillis dans des excursions avec MM. Munier-Chalmas (de la Sorbonne), Stanislas Meunier (du Muséum), sont parfaitement dénommés.

M. **Bleunard**, professeur au Lycée d'Angers. — Une remarquable série de fossiles bien conservés du tertiaire et du quaternaire du bassin de Vienne (Autriche).

Ce louable empressement des donateurs est la juste récompense des efforts du Directeur et des membres de la Commission du Musée d'histoire naturelle. Leur zèle ne se ralentira pas, car nous ne connaissons rien de plus funeste pour l'avenir d'un établissement scientifique que l'immobilité. Tout ce qui n'est pas en progrès dégénère.

Angers, 3 décembre 1897.

Angers, imp. Germain et G. Grassin. — 68-48.